高职高专规划教材

建筑施工组织

主　编　方修建

副主编　高东丽　王亚琳

石油工业出版社

内 容 提 要

本教材共分为六章,主要介绍了建筑施工组织的基本知识,包括施工组织的基本知识、施工准备工作、建筑工程流水施工、建筑工程网络计划、施工组织总设计和单位工程施工组织设计。本教材突出了对施工组织基本知识和原理的阐述,强调了编制施工组织设计的方法和步骤这一根本学习目标,满足了最新规范的基本要求,体现了高职教育对理论知识适度、够用的原则。

本书可作为高职建筑工程技术、建设工程管理及工程造价等专业的主要教材,也可作为土木工程技术与管理人员和土建施工人员的参考书。

图书在版编目(CIP)数据

建筑施工组织/方修建主编 . —北京:石油工业

出版社,2017.7

高职高专规划教材

ISBN 978 – 7 – 5183 – 1990 – 9

Ⅰ . ①建… Ⅱ . ①方… Ⅲ . ①建筑工程 – 施工组织 –

高等职业教育 – 教材 Ⅳ . ①TU721

中国版本图书馆 CIP 数据核字(2017)第 161929 号

出版发行:石油工业出版社

(北京市朝阳区安定门外安华里 2 区 1 号楼   100011)

网   址:www.petropub.com

编辑部:(010)64251362   图书营销中心:(010)64523633

经   销:全国新华书店

排   版:北京乘设伟业科技有限公司

印   刷:北京中石油彩色印刷有限责任公司

2017 年 7 月第 1 版   2017 年 7 月第 1 次印刷

787 毫米 × 1092 毫米   开本:1/16   印张:12.75

字数:326 千字

定价:28.00 元

前　　言

"建筑施工组织"是土建施工类和建设工程管理专业的一门主要专业课,也是注册建造师资格考试必考的主要知识点之一。其主旨为研究建筑工程施工组织的一般规律,是研究和制定土木建筑工程施工全过程的既经济又合理的方法和途径。本课程涉及面广、实用性强,不仅包含技术方面的内容,同时也涵盖了从事施工项目管理和造价控制工作所必备的知识内容。其专业知识是工程施工技术人员和项目管理人员必须掌握的。

本教材由从事多年高职建筑类专业教学的教师编写,在编写过程中,紧扣应用性、实用性的原则,密切联系生产实际,突出生产一线最新技术的应用,采用国家现行规范和标准,力求做到知识先进合理、结构层次分明。建筑规范中的主要施工管理计划内容,在实际编制施工组织设计时可以单列为章,也可穿插在施工组织设计的章节中,本教材将其作为单位施工组织设计的一节内容进行提纲式的概述。为注重教材的实用性,有助于能力的培养和提高,教材中还编入了思考题及实际案例。

考虑到高职建筑类专业教学的实际情况和要求,全书共设六章,总授课学时为 60 学时,其中,第一章为建筑施工组织概论,参考学时为 4 学时;第二章为建筑施工准备工作,参考学时为 8 学时;第三章为建筑工程流水施工,参考学时为 12 学时;第四章为建筑工程网络计划,参考学时为 14 学时;第五章为施工组织总设计,参考学时为 6 学时;第六章为单位工程施工组织设计,参考学时为 16 学时。

本教材由方修建担任主编,高东丽和王亚琳任副主编,具体编写分工如下:第一章、第五章由克拉玛依职业技术学院方修建编写,第六章由克拉玛依职业技术学院方修建和天津工程职业技术学院崔玉梅编写,第二章由克拉玛依职业技术学院王亚琳和哈拉哈提编写,第三章由克拉玛依职业技术学院王亚琳编写,第四章由天津工程职业技术学院高东丽和王廷贵编写。

由于编者水平所限,有些章节的内容可能还不够完善,有些问题的论述也有待于作进一步的探讨,不妥甚至错误之处在所难免,恳请读者批评指正。

编者

2017 年 3 月

目　　录

第一章 建筑施工组织概论

【学习指导】

本章主要介绍了建筑施工组织的概念及其相关概念。本章的重点是基本建设程序、建筑工程项目程序以及施工组织设计的相关概念。通过本章的学习，学生应当对建筑产品及其生产的特点，建筑施工组织研究的对象及任务有一个基本的了解，重点要求掌握基本建设项目的概念、组成及相关概念，建筑工程项目施工程序，建筑施工组织设计的类型、概念和特征，施工组织设计管理的方法。

现代建筑施工是一项多专业、多工种相互协调的复杂的系统工程，要使施工过程能够顺利有序地进行，生产出合格的建筑产品，完成预期的目标，就必须采用科学的方法进行有效的施工管理。而施工组织则是施工管理的重要组成部分，对统筹整个建筑施工活动的全过程、优化施工管理都起到重要的作用。

第一节 建筑产品及其施工特点

建筑产品是指各种建筑物或构筑物。由于产品的使用功能、平面与空间的组合以及构造形式的特殊性，决定了与一般工业产品相比，其产品本身以及产品的生产过程都有其独特之处。

一、建筑产品的特点

(一) 建筑产品的固定性

建筑产品的建造均要选择合适的地址，其建造地点是固定的，建成以后一般都也无法移动，只能在固定的地点使用。产品的固定性也是建筑产品有别于其他工业产品最显著的特征之一。

(二) 建筑产品的多样性

不同的建筑产品要满足不同的功能要求，其规模、结构选型等方面也各不相同，即使同一种类型的建筑物，也因其建造地点、环境的不同而不同。所以，建筑产品与其他工业产品，基本不可以批量生产。

(三) 建筑产品体量的庞大性

建筑产品需要满足人们工作、生活等方面的使用要求，所以，同一般的工业产品相比，建筑产品的体型往往要庞大得多，自重也非常大。

（四）建筑产品的综合性

建筑产品是综合了工艺设备、采暖通风、供水供电、卫生设备、建筑消防系统、智能楼宇等复杂的综合系统。其本身又融合了建筑艺术、建筑结构、建筑装饰等方面的内容，堪称是一件复杂的综合性产品。

二、建筑施工的特点

建筑产品的特点，决定了建筑产品的生产具有不同于一般工业产品的生产的特殊性。建筑产品生产，即建筑施工的具体特点有以下几个方面。

（一）建筑施工的流动性

建筑产品的固定性决定了建筑施工的流动性。在建筑施工中，由于建筑产品固定，建筑材料、构配件及生产者和生产设备不仅要随着建筑物建造地点的变更而流动，还要随着建筑物施工部位的改变而变动。大量的人员、材料、机械在一个有限的空间内流动，就需要有一个科学的施工组织，相互协调配合，才能保证在合同约定的期限内按质完成施工产品。

（二）建筑施工的个别性

建筑产品的多样性决定了建筑施工的个别性。图纸不同甚至相同的建筑物，因建造的地区、季节及场地条件的不同，其施工准备工作、施工工艺和施工方法也不尽相同，所以建筑产品的施工应当按照其每个工程的具体特点、条件制订出相应的施工方案来科学地组织施工。

（三）建筑施工的长期性

建筑产品的庞大性决定了建筑施工的工期往往较长。建筑产品在建造过程中要投入大量的劳动力、建筑材料和施工机械，其生产时间少则几个月，多则几年。编制出科学合理的施工组织设计，对缩短工期、降低造价，早日交付使用建筑物具有更积极的作用。

（四）建筑施工的复杂性

建筑产品的综合性决定了建筑施工的复杂性。建筑产品的生产环境往往都具有露天作业、高空作业甚至是地下作业的特点，设备、人员、材料也相互交叉流动，其不可预见性因素相对较多，这就必然造成了施工的复杂性。事先编制一个科学全面的施工组织设计，在技术、组织、质量、安全和节约等方面制定出相应的措施，对避免质量和安全事故，保证建筑产品顺利完成，是必不可少的环节。

第二节　基本建设程序与建筑工程项目施工程序

一、基本建设项目及组成

基本建设是利用国家预算内资金、自筹资金、国内外基本建设贷款以及其他专项资金进行的，以扩大生产能力或新增工程效益为主要目的的新建、改建工程及有关工作。

(一)基本建设项目的概念

基本建设项目又称建设工程项目,是为完成依法立项的新建、扩建、改建等各类工程而进行的、有起止日期的、达到规定要求的一组相互关联的受控活动组成的特定过程,包括策划、勘查、设计、采购、施工、试运行、竣工验收和考核评价等。简称为项目。

凡是按一个总体设计组织施工,建成后具有完整的系统,可以独立地形成生产能力或使用价值的建设工程,称为一个项目。在工业建设中,一般以拟建一个厂矿企业单位为一个建设工程项目,如一个化工厂、一个棉纺厂等。在民用建设中,一般以拟建一个机关事业单位为一个建设工程项目,如一个医院、一所学校等。对于大型分期建设的工程,如果分为几个总体设计,则就有几个建设工程项目。

进行基本建设的企业或事业单位称为建设单位,建设单位在行政上是独立的组织,建设单位也可以是建设工程的投资人或由投资人设立的一个项目法人,也称为业主单位或项目业主,它是建设工程项目的投资主体或投资者与组织者,也是建设工程项目管理的主体。

(二)基本建设项目的分类

基本建设项目可以从不同的角度进行划分,常见的划分方法如下:

(1)按建设性质划分:可分为新建项目、改建项目、扩建项目、迁建项目和恢复建设项目。

(2)按投资作用划分:可分为生产性建设工程项目和非生产性建设工程项目。

(3)按项目规模划分:国家规定基本建设项目分为大型、中型、小型三类;更新改造项目分为限额以上和限额以下两类。

(4)按项目的投资效益划分:可分为竞争性项目、基础性项目和公益性项目。

(5)按项目的投资来源划分:建设工程项目可分为政府投资项目和非政府投资项目。按照其盈利性质不同,政府投资项目又可分为经营性政府投资项目和非经营性政府投资项目。

(三)基本建设项目的组成

一个基本建设项目,按其复杂程度,一般可以由以下四方面的内容组成。

1. 单项工作

凡是具有独立的设计文件,竣工后可以独立发挥生产能力或效益的一组配套齐全的工程项目,称为一个单项工程(又称工程项目)。一个建设工程项目,可由一个单项工程组成,也可由若干个单项工程组成。如化工厂建设项目(工业建设项目)中的各个独立的生产车间、辅助生产车间等;又如,中学项目建设(民用建设项目)中的教学楼、宿舍楼、食堂等,都可以称为一个单项工程。

2. 单位工程

具有单独设计、独立施工条件并能形成独立使用功能的建筑物及构筑物为一个单位工程(又称子单位)。建筑规模较大的单位工程,可将其能形成独立使用功能的部分为一个子单位工程。一个单项工程一般都由若干个单位工程组成。如一个生产车间可以由设备安装工程、工艺管道工程、土建工程、给排水工程、暖通工程、电气工程等单位工程组成。

3. 分部工程

分部工程(又称子分部工程)是单位工程的组成部分,分部工程的划分可由专业性质、工程部位确定。当分部工程较大或较复杂时,可按材料种类、工艺特点、施工程序、专业系统及类别等将分部工程划分为若干子分部工程。如一幢房屋的土建单位工程按质量验收统一标准的要求可以分为地基与基础、主体结构、建筑装饰装修、屋面、建筑排水及供暖、通风与空调、建筑电气、智能建筑、建筑节能、电梯等部分工程;而地基与基础工程也可以划分为土方、基坑支护、地基处理、桩基础、混凝土基础、砌体基础、钢结构基础、钢管混凝土结构基础、型钢混凝土结构基础和地下防水等子分部工程。

4. 分项工程

组成分部工程的若干个施工过程称为分项工程(又称施工过程)。分项工程可以按主要工种、材料、施工工艺、设备类别等进行划分,如地基与基础分部工程的土方工程子分部工程可分为土方开挖、土方回填、场地平整等分项工程;主体结构分部工程的混凝土结构子分部工程可划分为模板、钢筋、混凝土、预应力、现浇结构、装配式结构等分项工程。

二、基本建设程序

基本建设程序是指基本建设全过程中各项工作必须遵循的先后顺序,它包含了工程项目从设想、选址、评估、决策、设计、施工到竣工验收、投入生产或交付使用的整个建设过程。这个顺序反映了整个建设过程的客观规律。我国工程建设程序可归纳为以下四个阶段:投资决策阶段、勘查设计阶段、项目施工阶段、竣工验收和交付使用阶段。

(一)投资决策阶段

投资决策阶段主要是指项目实施之前所做的各项工作,主要内容包括提交项目建议书、做可行性研究。

1. 项目建议书阶段

项目建议书是项目建设筹建单位,根据国民经济和社会发展的长远规划、行业规划、产业政策、生产力布局、市场、所在地的内外部条件等要求,经过调查、预测分析后,提出的某一具体项目的建议文件,是基本建设程序最初阶段的工作,是投资决策前对拟建项目的框架性设想,也是政府选择项目和可行性研究的依据。

项目建议书的内容,视项目的不同情况而有繁有简,一般应包括以下几个方面:

(1)建设项目提出的必要性和依据;

(2)拟建规模、建设方案;

(3)建设的主要内容;

(4)建设地点的初步设想情况、资源情况、建设条件、协作关系等的初步分析;

(5)投资估算和资金筹措及还贷方案;

(6)项目进度安排;

(7)经济效益和社会效益的估计;

(8)环境影响的初步评价。

按要求编制完成项目建议书后,按照建设总规模和限额的划分审批权限报批后,可以进行可行性的研究工作。项目建议书不是项目的最终决策。

2. 可行性研究阶段

项目建议书一经批准,即可着手进行可行性研究工作。可行性研究是指在项目决策前,通过对项目有关的工程、技术、经济等各方面条件和情况进行调查、研究、分析,对各种可能的建设方案和技术方案进行比较论证,并对项目建成后的经济效益进行预测和评价的一种科学分析方法,由此考察项目技术上的先进性和适用性,经济上的营利性和合理性,建设的可能性和可行性。可行性研究是项目前期工作的最重要的内容,它从项目建设和生产经营的全过程考察分析项目的可行性,其结论为投资者的最终决策提供直接的依据。其工作主要包括:

1)编制可行性研究报告

由经过国家资格审定的适合本项目的等级和专业范围的规划、设计、工程咨询单位承担项目可行性研究,并形成报告。可行性研究报告一般具备以下基本内容:(1)总论(包括报告编制依据、项目提出的背景和依据、项目概况、问题与建议);(2)建设规模和建设方案。(3)市场预测和确定的依据;(4)建设标准、设备方案、工程技术方案;(5)原材料、燃料供应、动力、运输、供水等协作配合条件;(6)建设地点、占地面积、布置方案;(7)项目设计方案;(8)节能、节水措施;(9)环境影响评价;(10)劳动安全、卫生与消防;(11)组织机构与人力资源配置;(12)项目实施进度;(13)投资估算;(14)融资方案;(15)财务评价;(16)经济效益评价和社会效益评价;(17)风险分析;(18)招标投标内容和核准招标投标事项;(19)研究结论与建议;(20)附图、附表、附件。

2)可行性研究报告论证

报告编制完成后,项目建设筹建单位应委托有资质的单位进行评估、论证。

3)可行性研究报告报批

项目建设筹建单位提交书面报告,应附可行性研究报告文本、其他附件(如建设用地规划许可证、工程规划许可证、土地使用手续、环保审批手续、拆迁评估报告、可研报告的评估论证报告、资金来源和筹措情况等手续),上报原项目审批部门审批。

可行性研究报告经批准后,不得随意修改和变更。如果在建设规模、建设方案、建设地区或建设地点、主要协作关系等方面有变动以及突破投资控制数时,应经原批准机关同意重新审批。经过批准的可行性研究报告,是确定建设项目、编制设计文件的依据。

可行性研究报告批准后即国家、省、市(地、州)、县(市、区)同意该项目进行建设,何时列入年度计划,要根据其前期工作的进展情况以及财力等因素进行综合平衡后决定。

4)办理土地使用证等相关手续

到国土部门办理土地使用证。办理征地、青苗补偿、拆迁安置等手续。

5)地质勘查

根据可研报告审批意见,委托或通过招标(或比选方式)选择有资质的地质勘查单位进行地质勘查。

6)报审市政配套方案

报审供水、供气、供热、排水等市政配套方案,一般项目要在规划、建设、土地、人防、消防、环保、文物、安全、劳动、卫生等主管部门提出审查意见后,取得有关协议或批件。

凡大中型项目以及国家有要求的项目,都要进行可行性研究,其他项目有条件的也要进行可行性研究。

(二)勘查设计阶段

1. 工程勘查阶段工程项目管理的内容

(1)审查工程勘查任务书,拟定工程勘查工作计划。审查由规划设计单位编制的勘查任务书,根据工程项目建设计划和设计进度计划拟定工程勘查进度计划。

(2)接受业主委托并优选勘查单位。拟定勘查招标文件;审查勘查单位的资质、信誉、技术水平、经验、设备条件以及对拟勘项目的工作方案设想;参与勘查招标,优选勘查单位;参与勘查合同谈判;拟定勘察合同。

(3)向工程勘查单位提供准备资料。这一环节包括:现场勘查条件准备;勘查队伍的生活条件准备;提供有关基础资料。

(4)审查工程勘查纲要。根据勘查工作的进程,提前准备好基础资料,并审查资料的可靠性;审查勘查纲要是否符合勘察合同规定,能否实现合同要求;大型或复杂的工程勘查纲要要会同设计单位予以审核;审查勘查工作方案的合理性、手段的有效性、设备的实用性、试验的必要性;审查勘查工作进度计划。

(5)现场工程勘查的监督、管理。工程勘查的质量监督、管理;工程勘查的进度控制;检查勘查报告;审核勘查费;审查勘查成果报告。

(6)签发补勘通知书。设计、施工过程中若要获取某种在勘查报告中没有反映、在勘查任务书中没有要求的勘查资料时,得另行签发补充勘查任务通知书,其中要明确记录预先商定并经业主同意的增加费额。

(7)协调勘查工作与设计、施工的配合。及时将勘查报告提交设计或施工单位,作为设计、施工的依据,工程勘查的深度应与设计深度相适应。

2. 勘查工作的内容

1)工程测量的主要内容

工程测量的主要工作有:

(1)现场实地测量,测绘满足相应工作要求的不同比例的地形图,包括测定对象的坐标、高程、绘制地形图等;

(2)现场定位测量,包括将建筑物的位置在地面上标定出来作为施工的依据,定位测量需经规划部门认和项目管理人员复测;

(3)建筑物沉降、倾斜、裂缝观测,包括测量新建的建筑物对邻近地面沉降的影响范围及大小,新建建筑物的沉降观测,新建建筑物的倾斜观测和建筑物的裂缝观测。

2)工程地质勘查各阶段主要内容

(1)选址勘查:搜集、分析备选区域的地形、地址、地震等资料;进行现场地质调查,测绘工程地质平面图,编制选址勘查和工程地质报告。

(2)设计勘查:初步设计勘查主要查明地层、构造、岩石和土壤的物理力学性质、地下水情况及冰冻深度;对设计烈度为7度或7度以下建筑物要测定、掌握场地和地基的地震效应。详细勘查(为施工图设计提供依据)主要查明建筑物范围内的地层结构、岩石和土壤的物理力学性能,并对低级的稳定性及承载力做出评价;提供不良地质现场及防治工程所需的计算指标和资料;查明地下水的埋藏条件、侵蚀性及地层渗透性、水位变化幅度和规律;判定地基岩石、土壤和地下水对建筑物施工与使用的影响。

（3）施工勘查（为施工中遇到的地质问题）：施工验槽、深基施工勘查和桩应力测试、地基加固处理勘查和加固效果检验、施工完成后的沉降监测工作、其他有关环境工程地质的监测工作等。

3. 设计工作的内容

设计工作直接关系着工程质量和工程项目将来的使用效果。可行性研究报告获得批准的建设项目应委托或通过招标投标选定设计单位，按照批准的可行性研究报告的内容和要求进行设计，编制设计文件。

一般建设项目，设计过程划分为初步设计和施工图设计两个阶段，对重大项目和技术复杂而又缺乏经验的项目，可根据不同行业的特点和需要，增加技术设计阶段。

1）初步设计（基础设计）

项目筹建单位应根据可行性研究报告审批意见，委托或通过招标投标择优选择有相应资质的设计单位进行初步设计。初步设计是项目的宏观设计，即项目的总体设计、布局设计，主要的工艺流程、设备的选型和安装设计，土建工程量及费用的估算等。初步设计文件应当满足编制施工招标文件、主要设备材料订货和编制施工图设计文件的需要。

初步设计文本完成后应到消防部门办理消防手续。同时报规划管理部门审查，并报原可行性研究审批部门审查批准。初步设计文件经批准后，总平面布置、主要工艺过程、主要设备、建筑面积、建筑结构、总概算等不得随意修改、变更。经过批准的初步设计，是设计部门进行施工图设计的重要依据。

2）施工图设计（详细设计）

施工图设计的主要内容是根据批准的初步设计，绘制出正确、完整和尽可能详尽的建筑、安装图纸。其设计深度应满足设备材料的安排和非标设备的制作、建筑工程施工要求等。

施工图设计完成后，应将施工图报有资质的设计审查机构审查，并报行业主管部门备案。然后聘请有预算资质的单位编制施工图预算。

（三）项目施工阶段

1. 施工准备工作

建设项目在实施之前要做好各项准备工作。其主要内容包括建设开工前的准备和项目开工审批。

1）建设开工前的准备

这一步的主要内容包括：征地、拆迁和场地平整；完成施工用水、电、路等工程；组织设备、材料订货；准备必要的施工图纸；组织招标、投标（包括监理、施工、设备采购、设备安装等方面的招标、投标）并择优选择施工单位、签订施工合同。

2）项目开工审批

建设单位在工程建设项目可行性研究报告批准、建设项目资金已经落实、各项准备工作就绪后，应当向当地建设行政主管部门或项目主管部门及其授权机构申请项目开工审批。

2. 建设实施

1）项目开工建设时间

开工许可审批之后即进入项目建设施工阶段。开工之日指建设项目设计文件中规定的任何一项永久性工程（无论生产性还是非生产性）第一次正式破土开槽开始施工的日期。公路、水库等需要进行大量土、石方工程的，以开始进行土、石方工程作为正式开工日期。

2）项目建设实施

项目建设实施的工作是施工单位根据设计图纸进行建筑安装施工，是建设项目付诸实施的重要一步，也是施工单位最根本的任务。为了确保建设项目正常投产，施工单位应全力以赴，保证工程质量，按期完成施工任务。工程建设项目在施工阶段的管理工作主要是做好工程建设项目的进度控制、投资控制和质量控制。

3）生产或使用准备

生产准备是生产性施工项目投产前所要进行的一项重要工作。它是基本建设程序中的重要环节，是衔接基本建设和生产的桥梁，是建设阶段转入生产经营的必要条件。使用准备是非生产性施工项目正式投入运营使用所要进行的工作。

（四）竣工验收和交付使用阶段

1. 竣工验收

1）竣工验收的条件

根据国家现行规定，凡新建、扩建、改建的基本建设项目和技术改造项目，按批准的设计文件所规定的内容建成、符合验收标准的，必须及时组织验收，办理固定资产移交手续。进行竣工验收必须符合以下条件：(1)工程已按设计文件及施工合同所规定的内容和要求建成，具备了使用条件；(2)工程质量达到了《工程质量检验与评定标准》中"合格"以上要求，具有监理单位和质量监督部门的证明文件；(3)工程交工技术资料真实、准确、完整；(4)环保设施、劳动安全卫生设施、消防设施已按设计要求与主体工程同时建成使用；(5)已签署了工程保修证明书。

2）竣工验收的依据

竣工验收的依据包括：批准的可行性研究报告、初步设计、施工图和设备技术说明书、招标投标文件和工程承包合同、施工过程中的设计修改签证、现场施工技术验收规范以及主管部门的相关审批、修改、调整文件等。

3）竣工验收的准备

这一环节主要包括三方面的工作：一是整理技术资料，各有关单位应将技术资料进行系统整理，由建设单位分类立卷；二是绘制竣工图，竣工图必须准确完整，符合归档要求；三是编制竣工决算，建设单位必须及时清理所有财产、物资，编制工程竣工决算，分析预算执行情况，考核投资效益，报规定的部门审查。

4）竣工验收的程序

工程竣工验收应首先进行预验收，然后再进行验收。工程竣工预验收由监理公司组织，建设单位、承包商参加。工程竣工后，监理工程师按照承包商自检验收合格后提交的《单位工程竣工预验收申请表》，审查资料并进行现场检查，项目监理部就存在的问题提出书面意见，并签发《监理工程师通知书》，要求承包商限期整改，承包商整改完毕后，按有关文件要求，编制《建设工程竣工验收报告》，交监理工程师检查，由项目总监签署意见后，提交建设单位，然后才能进行验收。工程竣工验收由建设单位负责组织实施，工程勘查、设计、施工、监理等单位参加。

验收时，由建设单位组织工程竣工验收并主持验收会议，工程勘查、设计、施工、监理单位分别汇报工程合同履约情况和在工程建设各环节执行法律、法规和工程建设强制性标准情况。然后验收组审阅建设、勘查、设计、施工、监理单位的工程档案资料，再实地查验工程质量。分别对工程勘查、设计、施工、设备安装质量和各管理环节等方面做出全面评价，验收组形成工程竣工验收意见，填写《建设工程竣工验收报告》并签名（盖公章）。参与工程竣工验收的各方不能形成一致意见时，应当协商提出解决的方法，待意见一致后，重新组织工程竣工验收。

2. 工程保修

工程保修期从工程竣工验收合格之日起计算。工程在保修期限内出现质量缺陷，建设单位应当向施工单位发出保修通知。施工单位接到保修通知后，应当到现场核查情况，在保修书约定的时间内予以保修。发生涉及结构安全或者严重影响使用功能的紧急抢修事故，施工单位接到保修通知后，应当立即到达现场抢修。

3. 交付使用

验收合格后，项目部将项目正式移交给顾客并办理移交手续。并在工程项目竣工验收合格之日起15日内，向当地建设主管部门备案。办理工程竣工验收备案应提交下列文件：

（1）工程竣工验收备案表；

（2）工程竣工验收报告；

（3）法律、行政法规规定，应当由规划、公安、消防、环保等部门出具认可文件或准许使用文件；

（4）分承包商签署的工程质量保修书，根据合同的规定，搞好售后服务，验收证书由项目部存档。

三、建筑工程项目施工程序

建设项目的施工程序是指从承接建设项目的施工任务开始到竣工验收为止的整个施工过程所必须遵循的先后顺序。这个顺序反映了整个施工阶段必须遵循的客观规律，一般包括五个阶段。

（一）承接施工任务

施工单位承接施工任务的方式一般有三种，一是国家或上级主管部门正式下达的工程施工任务；二是接受建设单位邀请而承接的工程施工任务；三是施工单位通过投标，在中标后承接的施工任务。施工单位不论以何种方式承接的工程施工任务，都要检查其施工项目是否有批准的正式文件，投资是否落实等内容。

（二）签订施工合同

承接施工任务后，建设单位与施工单位要根据合同法的有关规定签订施工合同。合同内容应该包括：工程范围、建设工期、中间交工工程的形式和竣工时间、工程质量、工程造价、技术资料、工程交付时间、材料和设备供应责任、拨款和结算、竣工验收、质量保修范围和质量保证期、双方相互协作等条款。

(三)做好施工准备,提出开工报告

施工合同签订后,施工单位应熟悉工程的性质、规模、特点、工期,进行技术、经济等调查,收集有关资料,编制施工组织总设计。

施工组织总设计批准后,施工单位开始做施工准备,如图纸会审、编写单位工程施工组织设计、落实材料、构件、施工机具、劳动力等,做好开工前的各项工作,提出开工报告并经审查批准,即可正式开工。

(四)组织施工

工程项目开工后,施工单位应按施工组织设计的安排组织施工,并加强管理,做好各单位、各部门的配合与协作,协调解决好各方面存在和出现的问题。

在施工过程中,做好技术、材料、质量、安全、进度及施工现场等各方面的管理工作,落实企业内部的承包经济责任制,做好核算与管理工作。

(五)竣工验收,交付使用

验收是施工的最后阶段,施工单位要做好内部的施工预验收,检查质量,整理好各项资料,并向建设单位交工验收,验收合格,办理验收签字,交付建设单位使用。

第三节　建筑施工组织研究的对象和任务

现代建筑产品的施工,是一项多工种、多专业的复杂的生产过程,也是一个系统工程。特别是一些大型建设项目的施工,不仅要组织成千上万的各专业的施工人员、管理人员和各种、各类施工机械、设备投入到施工过程当中,还要组织种类繁多、重量多达几十吨上百吨的建筑材料、构配件入场,同时还要保障施工现场的供水、供电、供热等,要保证这样的大型工程施工过程的顺利进行、预定目标的顺利达成,就必须用科学的方法进行施工组织管理。

建筑施工组织是针对建设工程项目施工的复杂性,研究其统筹安排与系统管理客观规律的一门学科。其主要任务是研究和制定土木建筑工程施工全过程的既经济又合理的方法和途径,是一门实用性强、应用广泛的学科。

现代建筑工程往往由许多施工过程组成,而每一个施工过程又可以选择多种不同的施工方法和施工机械来完成,即使是同一个工程,由于施工速度、环境条件及其他因素的影响,所采用的施工方法也不尽相同。而施工组织就是在众多方法中,找出一条最经济合理的施工组织方法。

近年来,组织施工的方法和施工管理的水平有了较大发展和进步,包括流水施工的理论与应用,工程网络计划及其优化方法的应用发展,项目管理软件的开发与大量使用,施工组织与管理方法的不断进步。而目前建筑施工组织所面对的施工项目是现代化的智能建筑,在技术方面体现的是高度更高、跨度更大、基础更深,而在通信、监控、消防等功能方面,更是自动化、智能化程度更高,体系更复杂更庞大,这也都给建筑施工组织提出了更多新的要求和更广泛的研究内容。

第四节　施工组织设计的作用、分类与管理

一、施工组织设计的作用

施工组织设计是以施工项目为对象编制的，用以指导施工的技术、经济和管理的综合性文件。

施工组织设计是我国在工程建设领域长期沿用下来的名称，西方国家一般称为施工计划或工程项目管理计划。施工组织设计在投标阶段通常被称为技术标，但它不仅仅包含技术方面的内容，同时也涵盖了施工管理和造价控制方面的内容，所以它是一个综合性的文件。

施工组织设计是对施工项目的全过程实行科学管理的重要手段，它具有战略部署和战术安排的双重作用。它体现了实现基本建设计划和设计的要求，提供了各阶段的施工准备工作内容，协调施工过程中各施工单位、各施工工种、各项资源之间的相互关系。通过施工组织设计的编制，可以全面考虑施工项目的各种施工条件，扬长避短，拟定合理的施工方案，确定施工顺序、施工方法、劳动组织和技术经济的组织措施，合理地统筹安排施工进度计划，布置施工现场，确保文明施工、安全施工，保证施工项目按期投产或交付使用。

施工组织设计主要具有以下几方面的作用：

(1)指导工程投标与签订工程承包合同，作为投标书的内容和合同文件的一部分。

(2)是沟通工程设计与施工之间的桥梁，既要体现拟建工程的设计和使用要求，又要符合建筑施工的客观规律。

(3)可以保证各施工阶段的准备工作及时进行。

(4)可以明确工作重点，找到影响施工进度的关键施工过程，可以有针对性地提出技术、质量、安全等方面的管理目标和技术组织措施，提高综合效益。

(5)有利于协调各施工单位、各个工种、各类资源之间的关系，更有利于实现文明施工。

二、施工组织设计的分类

根据工程规模的大小、结构特点、技术简繁程度以及施工条件、要求等可将施工组织设计分为三类。

1. 施工组织总设计

施工组织总设计是以若干单位工程组成的群体工程或特大型项目为主要对象编制的施工组织设计，对整个项目的施工过程起统筹规划、重点控制的作用。

在我国，大型房屋建筑工程标准一般指：

(1)25 层以上的房屋建筑工程。

(2)高度 100m 及以上的构筑物或建筑物工程。

(3)单体建筑面积 $3 \times 10^4 \mathrm{m}^2$ 及以上的房屋建筑工程。

(4)单跨跨度 30m 及以上的房屋建筑工程。

(5)建筑面积 $10 \times 10^4 \mathrm{m}^2$ 及以上的住宅小区或建筑群体工程。

(6)单项建筑安装合同额 1 亿元及以上的房屋建筑工程。

但在实际编制过程中，具备上述规模的建筑工程很多只需编制单位工程施工组织设计，需

要编制施工组织总设计的建筑工程,其规模应当超过上述大型建筑工程的标准,通常需要分期分批建设,可称为特大型项目。

2. 单位工程施工组织设计

单位工程施工组织设计是以单位(子单位)工程为主要对象编制的施工组织设计,对单位(子单位)工程的施工过程起指导和制约作用。

对于已经编制了施工组织总设计的项目,单位工程施工组织设计应是施工组织总设计的进一步具体化,直接指导单位工程的施工管理和技术经济活动。

3. 施工方案

施工方案是以分部(分项)工程或专项工程为主要对象编制的施工技术与组织方案,用以具体指导其施工过程。

施工方案有时也被称为分部(分项)工程或专项工程施工组织设计,通常情况下施工方案是施工组织设计的进一步细化,是施工组织设计的补充。在施工组织设计中,一些内容如果已经有了规定或计划,那么施工方案中将不再涉及这部分内容。

三、施工组织设计的管理

(一)施工组织设计的编制与审批

施工组织设计的编制和审批应符合下列规定:

(1)施工组织设计应由项目负责人主持编制,可根据需要分阶段编制和审批。有些分期分批建设的项目跨越时间很长,还有些项目地基基础、主体结构、装修装饰和机电设备安装并不是由一个总承包单位完成,此外还有一些特殊情况的项目,在征得建设单位同意的情况下,施工单位可分阶段编制施工组织设计。

(2)施工组织总设计应由总承包单位技术负责人审批。单位工程施工组织设计应由施工单位技术负责人或技术负责人授权的技术人员审批,施工方案应由项目技术负责人审批;重点、难点分部(分项)工程和专项工程施工方案应由施工单位技术部门组织相关专家评审,施工单位技术负责人批准。

《建设工程安全生产管理条例》规定:对基坑支护与降水工程、土方开挖工程、模板工程、起重吊装工程、脚手架工程、拆除爆破工程以及国务院建设行政主管部门或者其他有关部门规定的其他危险性较大的工程,达到一定规模时应编制专项施工方案,并附具安全验算结果,经施工单位技术负责人、总监理工程师签字后实施。特别是对涉及深基坑、地下暗挖工程、高大模板工程的专项施工方案,施工单位还应当组织专家进行论证,审查。

(3)由专业承包单位施工的分部(分项)工程或专项工程的施工方案,应由专业承包单位技术负责人或技术负责人授权的技术人员审批;有总承包单位时,应由总承包单位项目技术负责人核准备案。

(4)规模较大的分部(分项)工程和专项工程的施工方案应按单位工程施工组织设计进行编制和审批。有些分部(分项)工程或专项工程如主体结构为钢结构的大型建筑工程,其钢结构分部规模很大且在整个工程中占有重要的地位,需另行分包,遇有这种情况的分部(分项)工程或专项工程,其施工方案应按施工组织设计进行编制和审批。

(二)施工组织设计的动态管理

施工组织设计在实施时,应实行动态管理,动态管理应满足下列规定。

(1)项目施工过程中,如发生以下情况之一时,施工组织设计应及时进行修改或补充:工程设计图纸有重大修改;有关法律、法规、规范和标准实施、修订和废止;主要施工方法有重大调整;主要施工资源配置有重大调整;施工环境有重大改变等。

当工程设计图纸发生重大修改时,如地基基础或主体结构的形式发生变化、装修材料或做法发生重大变化、机电设备系统发生大的调整等,需要对施工组织设计进行修改。当有关法律、法规、规范和标准开始实施或发生变更,并涉及工程的实施、检查或验收时,施工组织设计需要进行修改或补充。由于主客观条件的变化,施工方法有重大变更,原来的施工组织设计已不能正确地指导施工,需要对施工组织设计进行修改或补充。当施工资源的配置有重大变更,并且影响到施工方法的变化或对施工进度、质量、安全、环境、造价等造成潜在的重大影响,需对施工组织设计进行修改或补充。当施工环境发生重大改变,如施工延期造成季节性施工方法变化,施工场地变化造成现场布置和施工方式改变等,致使原来的施工组织设计不能正确地指导施工,也需对施工组织设计进行修改或补充。

(2)经修改或补充的施工组织设计应重新审批后实施。

(3)项目施工前应进行施工组织设计逐级交底;项目施工过程中,应对施工组织设计的执行情况进行检查、分析并适时调整。

复习思考题

1. 试述建筑产品及施工的特点。
2. 基本建设的程序有哪些? 其组成是什么?
3. 建筑工程项目的施工程序有哪些?
4. 试述施工组织研究的对象和任务?
5. 什么是建筑施工组织设计?
6. 施工组织设计有哪些作用?
7. 施工组织设计有哪些类型?
8. 什么是施工组织总设计?
9. 什么是单位工程施工组织设计?

第二章 建筑施工准备工作

【学习指导】

　　本章主要介绍了施工准备工作,包括技术准备、劳动组织准备、施工物资准备、施工现场准备以及季节施工准备等内容。本章的重点和难点是技术资料的准备、物资准备及施工现场的准备。通过本章的学习,学生应理解施工准备工作的含义和分类,能熟练掌握市场调查和冬、雨期施工需要注意的问题;能在施工现场做好施工准备工作;掌握技术资料的准备、施工现场的准备及物资准备的具体内容。

第一节　施工准备概述

一、施工准备工作的定义和意义

　　施工准备工作是指为拟建工程的施工创造必要的技术、物资条件,统筹安排施工力量和部署施工现场,确保工程施工顺利进行的工作。它是土木工程产品生产的重要环节,不仅存在于开工之前,而且贯穿在整个施工过程之中。

　　土木工程产品的生产是一项十分复杂的生产活动,它不但需要耗用大量人力、物力和财力,还要处理各种复杂的技术问题,也需要协调各种协作配合关系。施工准备工作是生产经营管理的重要组成部分,是对拟建的土木工程的施工目标、施工方案的选择、空间布置、时间安排进行施工决策的依据,也是对拟建的土木工程的资源配置等方面进行施工决策的依据。如果事先缺乏统筹安排和准备,势必会造成某种混乱,使施工无法正常进行。全面细致地做好施工准备工作,对于调动各方面的积极因素,合理组织人力、物力,加快施工进度,提高工程质量,节约建设资金,提高经济效益,都起着重要的作用。

　　不仅施工单位要做好施工准备工作,建设单位、设计单位、监理单位等各个协作单位也必须做好各自相应的施工准备工作。

二、施工准备工作的分类

(一)按施工准备工作的范围分类

　　施工准备工作按规模和范围可分为全场性施工准备(施工总准备)、单项(或单位)工程施工条件准备和分部(分项)工程作业条件准备三种。

　　1. 全场性施工准备

　　全场性施工准备是以整个建设项目或建筑群为对象所进行的统一部署的施工准备工作。它不仅要为全场性的施工活动创造有利条件,而且要兼顾单位工程施工条件的准备。

2. 单项(或单位)工程施工条件准备

单项(或单位)工程施工条件准备以一个建筑物或构筑物为施工对象而进行的施工条件准备,不仅为该单位工程在开工前做好一切准备,而且也要为分部(分项)工程的作业条件做好施工准备工作。

3. 分部(分项)工程作业条件准备

分部(分项)工程作业条件准备是以一个分部(分项)工程为施工对象而进行的作业条件准备。对于某些施工难度大、技术复杂的分部(分项)工程,需要单独编制施工作业设计,应分别准备其所采用的施工工艺、材料、机具、设备及安全防护设施等。

(二)按工程所处的施工阶段分类

按工程所处施工阶段分类,施工准备可分为开工前的施工准备和各施工阶段施工前的施工准备。

1. 开工前的施工准备

开工前的施工准备指在拟建工程正式开工前所进行的一切施工准备,目的是为工程正式开工创造必要的施工条件。它带有全局性和总体性,既可能是全场性的施工准备,又可能是单位工程施工条件的准备。

2. 工程各施工阶段施工准备

各施工阶段的施工准备是指开工之后,为某一单位工程、某个施工阶段或某个分部(分项)工程所做的施工准备工作,它带有局部性和经常性。一般来说,冬、雨期施工准备都属于这种施工准备。

如一般框架结构建筑的施工,可以分为地基基础工程、主体结构工程、屋面工程、装饰装修工程等施工阶段,每个施工阶段的施工内容不同,所需要的技术条件、物质条件、组织措施要求和现场平面布置等方面也不同。因此,在每个施工阶段开始之前都必须做好相应的施工准备工作。

综上所述,施工准备工作具有整体性与阶段性的统一,且体现出连续性,必须有计划、有步骤、分期、分阶段地进行,并能及时根据工程进展的变化而调整和补充。

三、施工准备工作的内容

一般工程施工准备工作其内容可归纳为以下几个方面:原始资料的调查收集、施工技术资料准备、施工现场准备、资源准备和季节性施工准备(具体如图2-1所示)。

施工准备工作的具体内容应视工程本身及其已具备的条件而定。有的比较简单,有的却十分复杂。不同的工程,因工程的特殊需要和特殊条件而对施工准备工作提出各不相同的具体要求。如只包含一个单项工程的施工项目和包含多个单项工程的群体项目;一般小型工程项目和技术复杂的大中型项目;新建项目和扩建项目;在未开发地区兴建的项目和在城市中兴建的项目等,因工程的特点、性质、规模及不同的施工条件,对施工准备工作提出不同的内容要求。只有按照施工项目的规划来确定准备工作的内容,并拟定具体的、分阶段的施工准备工作实施计划,才能充分地为施工的顺利开展创造必要的条件。

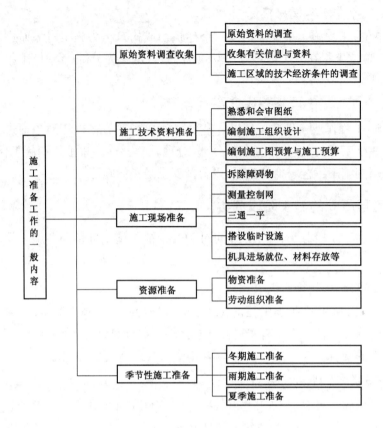

图 2－1　施工准备工作的一般内容

四、施工准备工作计划

为了落实各项施工准备工作,加强检查和监督,必须根据各项施工准备的内容、时间和人员,编制出施工准备工作计划,其格式如表 2－1 所示。

表 2－1　施工准备工作计划表

序号	施工准备项目	简要内容	施工准备工作要求	负责单位	负责人	起止时间		备注
						×月×日	×月×日	

由于各项施工准备工作之间具有相互补充、相互制约的关系,为了提高施工准备工作的质量,加快施工准备工作的进度,必须加强建设单位、设计单位和施工单位之间的协调工作,密切配合,建立健全施工准备工作的责任制和检查制度,使各项工作有领导、有组织、有计划和分期分批地进行。

施工准备工作计划除用上述表格外,还可以编制施工准备工作网络计划,以明确各项准备工作之间的逻辑关系,找出关键线路,并在网络计划图上进行施工准备期的调整,以尽量缩短施工准备工作时间。

第二节　资料收集及技术资料准备

一、原始资料的调查收集

原始资料的调查研究是施工准备工作的一项重要内容,也是编制施工组织设计的重要依据。尤其当施工单位进入一个新的城市或区域,对建设地区的技术经济条件、场地特征和社会情况等不熟悉时显得尤为重要。原始资料的调查收集应有计划、有目的地进行,事先应拟定详细的调查提纲,调查范围、内容等,应根据拟建工程规模、性质、复杂程度、工期及对当地了解程度确定。对调查收集的资料应注意整理归纳、分析研究,对其中特别重要的资料,必须复查数据的真实性和可靠性。

(一)对建设单位和设计单位的调查

施工单位应按所拟定的调查提纲,首先向建设单位、勘察设计单位收集有关项目的计划任务书、工程选址报告、初步设计、施工图以及工程概预算等资料(表2－2);向当地有关行政管理部门收集现行的项目施工相关规定、标准以及与该建设有关的文件等资料;向建筑施工企业与主管部门了解参加项目施工的各家单位的施工能力与管理状况等。

表2－2　向建设单位与设计单位调查项目

序号	调查单位	调查内容	调查目的
1	建设单位	① 建设项目设计任务书、有关文件 ② 建设项目性质、规模、生产能力 ③ 生产工艺流程、主要工艺设备名称及来源、供应时间,分批和全部到货时间 ④ 建设期限、开工时间、交工先后顺序、竣工投产时间 ⑤ 总概算投资、年度建设计划 ⑥ 施工准备工作计划的内容、安排、工作进度表	① 确定施工依据 ② 项目建设部署 ③ 制定主要工程施工方案 ④ 规划施工总进度计划 ⑤ 安排年度施工进度计划 ⑥ 规划施工总平面 ⑦ 确定占地范围
2	设计单位	① 建设项目总平面图规划 ② 工程地质勘查资料 ③ 水文勘查资料 ④ 项目建筑规模,建筑、结构、装修概况,总建筑面积、占地面积 ⑤ 单项(单位)工程个数 ⑥ 设计进度安排 ⑦ 生产工艺设计、特点 ⑧ 地形测量图	① 绘制规划施工总平面图 ② 规划生产施工区、生活区 ③ 安排大型临建工程 ④ 概算施工进度 ⑤ 规划施工总进度 ⑥ 规划施工总平面 ⑦ 确定占地范围

(二)自然条件的调查

自然条件调查分析包括建设地区的气象,建设场地的地形、工程地质和水文地质,施工现场和地下障碍物状况,周围民宅的坚固程度及其居民的健康状况等项目的调查,可根据工程的具体情况制定相应的调查内容,表2－3可作为参考。

表 2-3 自然条件调查项目

类别	序号	项目	调查内容	调查目的
气象资料	1.1	气温	① 全年各月平均温度 ② 最高温度,月份,最低温度,月份 ③ 冬天、夏季室外计算温度 ④ 霜、冻、冰雹期 ⑤ 小于 -3℃、0℃、5℃ 的天数,起止日期	① 防暑降温 ② 估算全年正常施工天数 ③ 确定冬期施工措施 ④ 估计混凝土、砂浆强度增长
	1.2	降雨	① 雨季起止时间 ② 全年降水量、一日最大降水量 ③ 全年雷暴日数、时间 ④ 全年各月平均降水量	① 确定雨季施工措施 ② 现场排水、防洪 ③ 防雷 ④ 估计雨天天数
	1.3	风	① 主导风向及频率(风玫瑰图) ② 大于等于 8 级风全年天数、时间	① 布置临时设施 ② 安排高空作业及吊装措施
工程地形、地貌勘查	2.1	地形	① 区域地形图与工程位置地形图 ② 工程建设地区的城市规划 ③ 控制桩、水准点的位置 ④ 地形地质的特征 ⑤ 勘查文件、资料等	① 选择施工用地 ② 合理布置施工总平面图 ③ 计算现场平整土量 ④ 计算障碍物及数量 ⑤ 拆迁和清理施工现场
	2.2	地址	① 钻孔布置图 ② 地质剖面图(各层土的特征、厚度) ③ 地基稳定性:滑坡、流沙、冲沟 ④ 地基土强度的结论,各项物理力学指标:天然含水量、孔隙比、渗透性、压缩性指标、塑性指数、地基承载力 ⑤ 软弱土、膨胀土、湿陷性黄土分布情况;最大冻结深度 ⑥ 防空洞、枯井、土坑、古墓、洞穴、地基土破坏情况 ⑦ 地下沟通管网、地下构筑物	① 选择土方施工方法 ② 选择地基处理方法 ③ 选择基础、地下结构施工措施 ④ 制订障碍物拆除计划 ⑤ 设计基坑开挖方案
	2.3	地震	地震设防烈度的大小	分析地基结构、结构影响、施工注意事项
工程水文地质	3.1	地下水	① 最高、最低水位及时间 ② 流向、流速、流量 ③ 水质分析 ④ 抽水试验、测定水量	① 选择土方施工、基础施工的方案 ② 降低地下水位方法、措施 ③ 判定侵蚀性质及施工注意事项 ④ 估计使用、饮用地下水的可能性
	3.2	地面水 (地面河流)	① 临近的江河湖泊及距离 ② 洪水、平水、枯水使其,水位、流量、流速、航道深度,通航可能性 ③ 水质分析	① 安排临时给水 ② 组织航运 ③ 设计水工工程
周围环境及障碍物	4	周围环境及障碍物	① 施工区域现有的建筑物、构筑物、沟渠、树木、土堆、高压输变电线路等 ② 临近建筑坚固程度,及其中人员工作生活、健康状况	① 安排拆迁、拆除 ② 安排保护工作 ③ 合理布置施工平面 ④ 合理安排施工进度

(三)技术经济条件的调查

1. 交通运输条件的调查

一般常见的交通运输方式有铁路运输、水路运输、公路运输、航空运输等。交通运输资料可向当地铁路、公路运输和航运、航空管理部门调查。主要为组织施工运势业务,选择运输方式提供技术经济分析比较的依据,如表2-4所示。

表2-4 交通运输条件调查的项目

序号	调查项目	调查内容	调查目的
1	铁路	① 邻近铁路专用线、车站至工地的距离及沿途运输条件 ② 站场卸货线长度、起重能力和储存能力 ③ 装载单个货物的尺寸、重量的上限	① 选择施工运输方式 ② 拟定施工运输计划
2	公路	① 主要材料产地至工地的公路等级、路面构造、宽度及完好情况、允许最大尺寸、允许最大载重量、途径桥涵等级 ② 当地专业机构及附近村镇能提供的装卸、运输能力,汽车、畜力、人力车的数量及运效率、运费、装卸费 ③ 当地有无汽车修配厂、修配能力和至工地距离、路况	
3	航运	① 货源、工地至邻近河流、码头渡口的距离、路况 ② 洪水、平水、枯水期封冻期通航的最大船只及吨位,取得船只的可能性 ③ 码头装卸能力、最大起重量,增设码头的可能性 ④ 渡口的渡船能力同时可载汽车、马车数、每日次数,能为施工提供的运载能力 ⑤ 运费、渡口费、装卸费	

2. 水、电、气供应条件调查

水、电、气及其他能源供应资料可向当地城建、电力等部门和建设单位调查,主要为选择施工临时供水、供电、供气的方式提供比较分析的依据,如表2-5所示。

表2-5 供水、供电、供气条件调查项目

序号	调查项目	调查内容	调查目的
1	给排水	① 工地用水与当地现有水源连接的可能性,供水量,管线铺设地点、管径、管材、埋深、水压、水质及水费,水源至工地距离,沿途地形、地物情况 ② 自选临时江河水源的水量、水质、取水方式,至工地距离、沿途地形、地物情况;自选临时水井位置、深度、管径、出水量及水质 ③ 利用永久排水设施的可能性,施工排水去向,距离及坡度;有无洪水影响,现有防洪设施、排洪能力	① 确定生活、生产供水方案 ② 确定工地排水方案及防洪设施 ③ 拟定供排水设施的施工进度计划
2	供电	① 当地电源位置、引入可能性、供电量、电压、导线截面、电费、引入方向、接线地点及其到工地的距离,沿途地形地物情况 ② 建设单位及施工单位自有发、变电设备型号、数量及容量 ③ 利用邻近电讯设施的可能性,电话、电报局等到工地距离,可能增设电讯设备和线路情况	① 确定供电方案 ② 确定通信方案 ③ 拟定供电、通信设施的施工进度计划

序号	调查项目	调查内容	调查目的
3	蒸汽等	① 蒸汽来源、供应量、接管地点、管径、埋深、到工地距离、沿途地形地物情况、蒸汽价格 ② 建设单位、施工单位的自有锅炉型号、数量及能力、所需燃料及水质标准 ③ 当地或建设单位的可能提供的压缩空气、氧气的能力，至工地距离	① 确定生活、生产用气方案 ② 确定压缩空气、氧气供应计划

3. 建筑材料与机械设备条件调查

建筑材料指水泥、钢材、木材、砂、石、砖、预制构件、半成品及成品等，机械设备指项目施工的主要生产设备。这些资料可向当地的计划、经济、物资管理等部门调查，主要作为确定材料和设备的采购（或租赁）供应计划、加工方式、储存及堆放场地以及搭设临时设施的依据，如表2-6所示。

表2-6 机械设备与建筑材料条件调查项目

序号	调查项目	调查内容	调查目的
1	三大材料	① 本地区钢材的生产情况、质量、规格、钢号、供应能力等 ② 本地区木材的供应情况、规格、等级、数量等 ③ 本地区水泥厂数量，水泥的质量、品种、标号、供应能力等	① 确定临时设施和堆放场地 ② 确定木材加工计划 ③ 确定水泥储存方式
2	特殊材料	① 需要的品种、规格、数量 ② 试制、加工和供应情况	① 制定供应计划 ② 确定储存方式
3	主要设备	① 主要工艺设备的名称、规格、数量和供货单位 ② 供应时间，分批到货时间和全部到货时间	① 确定临时设施和堆放场地 ② 拟定防雨措施
4	地方材料	① 本地区沙子的供应情况、规格、等级、数量等 ② 本地区石子的供应情况、规格、等级、数量等 ③ 本地区砌筑材料的供应情况、规格、等级、数量等	① 制定供应计划 ② 确定堆放场地

4. 劳动力及生活设施调查

这些资料可向当地劳动、商业、卫生、教育、邮电、交通等主管部门调查，作为拟定劳动力调配计划，建立施工生活基地，确定临时设施面积的依据，如表2-7所示。

表2-7 劳动力与生活设施调查项目

序号	调查项目	调查内容	调查目的
1	社会劳动力	① 少数民族地区的风俗习惯 ② 当地能提供的劳动力人数，技术水平及来源 ③ 上述人员的生活安排	① 拟定劳动力计划 ② 安排临时设施
2	房屋设施	① 必须在工地居住的单身人数和户数 ② 能作为施工用的现有的房屋的数量、面积、结构、位置及水、暖、电、卫设备情况 ③ 上述建筑物适宜用途	① 确定现有房屋为施工服务的可能性 ② 安排临时社会

序号	调查项目	调查内容	调查目的
3	生活服务	① 文化教育、消防治安等机构能为施工提供的支援 ② 临近医疗单位到工地距离,可能就医情况 ③ 周围是否存在有害气体、污染情况,有无地方病	安排职工生活基地,解除后顾之忧

5. 参加施工的各单位能力的调查

这些资料可向参加施工的各个单位调查,主要为明确施工力量及其技术素质、规划施工任务分配、安排之用,如表2-8所示。

表2-8 参加施工的各单位能力调查项目

序号	调查项目	调查内容	调查目的
1	工人	① 工人数量、分工种人数,能投入本工程施工的人数 ② 专业分工及一专多能的情况、工人队组形式 ③ 定额完成情况、工人技术水平、技术等级构成	① 明确施工力量及其技术素质 ② 规划施工任务分配、安排
2	管理人员	① 管理人员总数,所占比例 ② 管理人员中技术人员数、专业情况、技术职称,其他人员数	
3	施工机械	① 机械名称、型号、能力、数量、新旧程度、完好率;能投入本工程施工的情况 ② 总装备程度(马力/全员) ③ 分配、新购情况	
4	施工经验	① 历年曾施工的主要工程项目、规模、结构、工期 ② 习惯施工方法,采用过的先进施工方法,构件加工、生产能力、质量 ③ 工程质量合格情况,科研、革新成果	
5	经济指标	① 劳动生产率,年完成能力 ② 质量、安全、降低成本情况 ③ 机械化程度 ④ 工业化程度设备、机械的完好率、利用率	

二、施工技术资料准备

施工技术资料准备即通常所说的"内业"工作,是施工准备工作的核心,是确保工程质量、工期、施工安全和降低工程成本、增加企业经济效益的关键。任何技术差错和隐患都可能引发人身安全和质量事故,造成生命财产和经济的巨大损失,因此,必须重视做好施工技术资料准备。

施工技术资料准备的主要内容包括:熟悉与会审施工图纸,编制施工组织设计,编制施工图预算和施工预算等。

(一)熟悉与会审施工图纸

施工图全部(或分阶段)出图以后,施工单位应依据建设单位和设计单位提供的初步设计或扩大初步设计(技术设计)、施工图设计、建筑总平面图、土方竖向设计和城市规划等资料文件,调查收集的原始资料等,组织有关人员对施工图纸进行学习和审查,使参与施工的人员掌握施工图的内容、要求和特点,同时发现施工图存在的问题,以便在图纸会审时统一解决,确保工程施工顺利进行。

1. 熟悉图纸阶段

施工项目经理部应组织有关工程技术人员认真熟悉图纸,了解设计总图与建设单位要求以及施工应达到的技术标准,明确工程流程。

熟悉图纸时应按以下要求进行。

(1)先精后细:先看平、立剖面图,了解整个工程概貌,对总的长、宽、轴线尺寸、标高、层高、总高有大体印象,再看细部做法,核对总尺寸与细部尺寸、位置、标高是否相符,门窗表中的门窗型号、规格、形状、数量是否与结构相符等。

(2)先小后大:先看小样图,后看大样图。核对平、立、剖面图中标注的细部做法与大样图做法是否相符;核对所采用的标准构件图集编号、类型、型号与设计图纸有无矛盾,索引符号有无漏标,大样图是否齐全等。

(3)先建筑后结构:先看建筑图,后看结构图。对照建筑图与结构图,核对轴线尺寸、标高是否相符,核对有无遗漏尺寸、有无构造不合理之处。

(4)先一般后特殊:先看一般部位和要求,后看特殊部位和要求。特殊部位一般包括地基处理方法、变形缝设置、防水处理要求,还包括抗震、防火、保温、隔热、防尘、特殊装修等技术要求。

(5)图纸与说明相结合:在看图纸时应对照设计总说明和图中的细部说明,核对图纸和说明有无矛盾、规定是否明确、要求是否可行、做法是否合理等。

(6)土建与安装结合:看土建图时,应有针对性地看安装图,核对与土建有关的安装图有无矛盾,预埋件、预留洞、槽的位置、尺寸是否一致,了解安装对土建的要求,以便考虑在施工中的协作配合。

(7)图纸要求与实际情况结合:核对图纸有无不符合施工实际处,如建筑物相对位置、场地标高、地质情况等是否与设计图纸相符,一些特殊施工工艺施工单位能否做到等。

2. 自审图纸

施工项目经理部组织各工种人员对本工种有关的图纸进行审查,掌握和了解图纸细节;在此基础上,由总承包单位内部的土建与水、暖、电等专业人员,共同核对图纸,消除差错,协商施工配合事项;最后总承包单位与分包单位在各自审查图纸的基础上,共同核对图纸中的差错及协商有关施工配合问题。

自审图纸的要求包括以下 5 个方面:

(1)审查拟建工程的地点、建筑总平面图同国家、城市或地区规划是否一致,并审查建筑物或构筑物的设计功能和使用要求是否符合环卫、防火及美化城市方面的要求。

(2)审查设计图纸是否完整齐全以及设计图纸和资料是否符合国家有关技术规范要求。

(3)审查建筑、结构、设备安装图纸是否相符,有无"错、漏、碰、缺",内部结构和工艺设备有无矛盾。

(4)审查地基处理与基础设计同拟建工程地点的工程地质和水文地质等条件是否一致,并审查建筑物或构筑物与原地下构筑物及管线之间有无矛盾。审查深基础的防水方案是否可靠,材料设备能否解决。

（5）明确拟建工程的结构形式和特点，复核主要承重结构的承载力、刚度和稳定性是否满足要求，审查设计图纸中的形体复杂、施工难度大和技术要求高的分部分项工程或新结构、新材料、新工艺，在施工技术和管理水平上能否满足质量和工期要求，选用的材料、构配件、设备等能否满足设计要求。

（6）明确建设期限、分期分批投产或交付使用的顺序和时间，明确工程所用的主要材料、设备的数量、规格、来源和供货日期。

（7）明确建设、设计和施工等单位之间的协作、配合关系，明确建设单位可以提供的施工条件。

（8）审查设计是否考虑了施工的需要，各种结构的承载力、刚度和稳定性是否满足设置内爬、附着等使用的要求。

3. 图纸会审

图纸会审一般由建设单位组织并主持会议，设计单位交底，施工单位、监理单位参加。重点工程或规模较大及结构、装修较复杂的工程，可邀请（如有必要）各主管部门、消防、防疫与协作单位参加。

1）图纸会审的程序

图纸会审的程基本程序是：设计单位首先作设计交底；然后施工单位对图纸提出问题；再次是有关单位发表意见，与会者讨论、研究、协商逐条解决问题达成共识，组织会审的单位汇总成文，各单位会签，形成图纸会审纪录，见表2-9。

表2-9 图纸会审记录

工程名称			会审时间及地点		
建筑面积		结构类型		专业	
主持人					

记录内容：

建设单位签章 代表：	设计单位签章 代表：	施工单位签章 代表：	监理单位签章 代表：

图纸会审纪录作为与施工图纸具有同等法律效力的技术文件使用，也已成为指导项目施工以及进行施工结算的依据。

2）图纸会审的要求

图纸会审主要有以下几方面的要求：

（1）设计是否符合国家有关方针、政策和规定；

（2）设计规模、内容是否符合国家有关的技术规范要求（尤其是强制性标准的要求），是否符合环境保护和消防安全的要求；

（3）建筑设计是否符合国家有关的技术规范要求，尤其是强制性标准的要求，是否符合环境保护和消防安全的要求；

（4）建筑平面布置是否符合核准的按建筑红线划定的详图和现场实际情况，是否提供符合要求的永久水准点或临时水准点位置；

（5）图纸及说明是否齐全、清楚、明确；

（6）结构、建筑、设备等图纸本身及相互之间有否错误和矛盾，图纸与说明之间有无矛盾；

（7）有无特殊材料（包括新材料）要求，其品种、规格、数量能否满足需要；

（8）设计是否符合施工技术装备条件，如需采取特殊技术措施时，技术上有无困难，能否保证安全施工；

（9）地基处理及基础设计有无问题，建筑物与地下构筑物、管线之间有无矛盾；

（10）建（构）筑物及设备的各部位尺寸、轴线位置、标高、预留孔洞及预埋件，大样图及做法说明有无错误和矛盾。

（二）编制施工组织设计

施工组织设计是施工单位在施工准备阶段编制的指导拟建工程从施工准备到竣工验收乃至保修回访的技术经济、组织的综合性文件，也是编制施工预算，实行项目管理的依据，是施工准备工作的主要文件。它是在投标书的施工组织设计的基础上，结合所收集的原始资料等，根据施工图纸及会审纪要，按照编制施工组织设计的基本原则，综合建设单位、监理单位、设计单位的具体要求进行编制，以保证工程好、快、省、安全、顺利地完成。

施工单位必须在施工约定的时间内完成中标后施工组织设计的编制与自审工作，并填写施工组织设计报审表，报送项目监理机构。总监理工程师应在约定的时间内，组织专业监理工程师审查，提出审查意见后，由总监理工程师审定批准，需要施工单位修改时，由总监理工程师签发书面意见，退回施工单位修改后再报审，总监理工程师应重新审定，已审定的施工组织设计由项目监理机构报送建设单位。施工单位应按审定的施工组织设计文件组织施工，如需对其内容做较大变更，应在实施前将变更内容书面报送项目监理机构重新审定。对规模大、结构复杂或属新结构，特种结构的工程，专业监理工程师提出审查意见后，由总监理工程师签发审查意见，必要时与建设单位协商，组织有关专家会审。

（三）编制施工图预算和施工预算

1. 施工图预算

施工图预算是技术准备工作的重要组成部分，它是按照施工图确定的工程量、施工组织设计所拟定的施工方法、建筑预算定额及取费标准，由施工单位主持编制的确定工程造价的文件。它是施工企业签订工程承包合同、工程结算、银行贷款、成本核算、加强经营管理等工作的重要依据。

2. 施工预算

施工预算是施工单位根据施工合同价款、施工图纸，施工组织设计或施工方案、施工定额等文件进行编制的企业内部经济文件，它直接受施工合同中合同价款的控制，是施工前的一项重要准备工作。它是施工企业内部控制各项成本支出、考核用工、签发施工任务书、限额领料，基层进行经济核算、经济活动分析的依据。

3. 施工图预算与施工预算的区别

施工图预算是甲、乙双方确定的预算价格、发生经济联系的技术经济文件；而施工预算则是施工企业内部经济核算的依据。施工图预算与施工预算的消耗与经济效益的比较，通称"两算"对比，是促进施工企业降低物资消耗，增加积累的重要手段。

第三节　施工现场准备

　　施工现场是参加施工的全体人员为优质、安全、低成本和高速度完成施工任务而进行工作的活动空间,施工现场准备工作是为了给拟建工程的顺利开工和正常施工创造有利的施工条件和物资保证。施工现场准备工作应按合同约定与施工组织设计要求进行。

一、施工现场准备工作的范围

　　施工现场准备工作由两方面组成,一是建设单位应完成的施工现场准备工作;二是施工单位应完成的施工现场准备工作,具体可参考《建设工程施工合同(示范文本)》(GF－2013－0201)中的相关内容。建设单位与施工单位的施工现场准备工作均就绪时,施工现场就具备了施工的条件。

　　建设单位应按合同条款中约定的内容和时间完成相应的现场准备工作,也可以委托施工单位完成,但双方应在合同专用条款内进行约定,其费用由建设单位承担。

　　施工单位应按合同条款中约定的内容和施工组织设计的要求来完成施工现场的准备工作。

二、施工现场准备工作的内容

(一)拆除障碍物

　　施工现场内的一切地上、地下障碍物都应在开工前拆除。这项工作一般是由建设单位完成的,但也可委托施工单位完成。如果由施工单位完成这项工作,应事先摸清现场情况,尤其在城市老城区中,原有建筑物和构筑物情况复杂,并且往往资料不齐全,在拆除前应采取相应措施,防止事故发生。

　　对于房屋的拆除,一般只要把水源、电源切断后即可进行拆除。若采用爆破的方法,必须经有关部门批准,需要由专业的爆破作业人员来承担。

　　架空电线(电力、通信)、地下电缆(包括电力、通信)的拆除,要与电力部门或通信部门联系并办理有关手续后方可进行。

　　自来水、污水、煤气、热力等管线的拆除,都应与有关部门取得联系,办好手续后由专业公司来完成。场地内若有树木,需报园林部门批准后方可砍伐。

　　拆除障碍物时,留下的渣土等杂物都应清除出场外。运输时应遵守交通、环保部门的有关规定,运土车辆应按指定路线和时间行驶,并采取封闭运输车或在渣土上洒水等措施,以免渣土飞扬污染环境。

(二)测量控制网

　　由于施工工期长,现场情况变化大,因此保证控制网点的稳定、正确,是确保施工质量的先决条件。特别是在城区施工现场,由于障碍物多、通视条件差,给测量工作带来了一定难度。施工时应根据建设单位提供的由规划部门给定的永久性坐标和高程,按建筑总图上的要求进行现场控制网点的测量,妥善设立现场永久性标准,为施工全过程的控测创造条件。

在测量放线时,应校验校正经纬仪、水准仪、钢尺等测量仪器;校核结线桩与水准点,制定切实可行的测量方案(包括平面控制、标高控制,沉降观测和竣工测量等工作)。

建筑物定位放线,一般通过设计图中平面控制轴线来确定建筑物位置,测定并经自检合格后提交有关部门和建设单位或监理人员验线,以保证定位的准确性。沿红线的建筑物放线后,还要由城市规划部门验线,以防止建筑物压红线或超红线,为正常顺利地施工创造条件。

(三)三通一平

现场"三通一平"是指在施工现场范围内,接通施工用水、用电、道路和平整场地。实际上,施工现场往往不仅需要水通、电通、路通,如还需要蒸汽供应,架设热力管道,也称"热通";通电话作为通信联络工具,称为"话通";通煤气称"气通"等。

(1)水通。水是施工现场的生产和生活不可缺少的。拟建工程开工之前,必须按照施工总平面图的要求,接通施工用水和生活用水的管线,使其尽可能与永久性的给水系统结合起来,做好地面排水系统,为施工创造良好的环境。

(2)电通。电是施工现场的主要动力来源。拟建工程开工前,要按照施工组织设计的要求,接通电力和电讯设施,做好其他能源(如蒸汽、压缩空气)的供应,确保施工现场动力设备和通信设备的正常运行。

(3)路通。施工现场的道路是组织物资运输的动脉。拟建工程开工前,必须按照施工总平面图要求,修好施工现场的永久性道路(包括厂区铁路、厂区公路)以及必要的临时性道路,形成完整畅通的运输网络,为建筑材料进场、堆放创造有利条件。

(4)平整场地。按照建筑施工总平面图的要求,首先拆除场地上妨碍施工的建筑物或构筑物,然后根据建筑总平面图规定的标高和土方竖向设计图纸,进行挖(填)土方的工程量计算,确定平整场地的施工方案,进行平整场地的工作。

(四)搭设临时设施

所有生产及生活用临时设施,包括各种仓库、搅拌站、加工厂作业棚、宿舍、办公用房、食堂、文化生活设施等,均应按批准的施工组织设计组织搭设,并尽量利用施工现场或附近原有设施和在建工程本身供施工使用的部分用房,尽可能减少临时设施的数量,以便节约用地、节省投资。

现场生活和生产用的临时设施应按施工平面布置图的要求进行,临时建筑平面图及主要房屋结构图都应报请城市规划、市政、消防、交通、环境保护等有关部门审查批准。

为安全及文明施工,应用围墙将施工用地围护起来,围墙的形式、材料和高度应符合市容管理的有关规定和要求,并在主要出入口设置标牌挂图,标明工程项目名称、施工单位、项目负责人等。

(五)机具进场就位

在施工项目正式开工之前,按照施工机具需要量计划,组织施工机具进场,根据施工总平面图将施工机具安置在规定的地点或仓库。对于固定的机具,要进行就位、搭棚、接电源、保养和调试等工作。所有施工机具都必须在开工之前进行检查和试运转。

(六)做好施工现场的补充勘探

对施工现场做补充勘探是为了进一步寻找枯井、防空洞、古墓、地下管道、暗沟和枯树根等隐蔽物,以便及时拟定处理隐蔽物的方案并实施,为基础工程施工创造有利条件。

(七)做好建筑构(配)件、制品和材料的储存和堆放

按照建筑材料、构(配)件和制品的需要量计划组织进场,根据施工总平面图规定的地点和指定的方式进行储存和堆放。

(八)及时提供建筑材料的试验申请计划

按照建筑材料的需要量计划,及时提供建筑材料的试验申请计划,如钢材的机械性能和化学成分等试验,混凝土或砂浆的配合比和强度等试验。

(九)设置消防、保安设施

按照施工组织设计的要求,根据施工总平面图的布置,建立消防、保安等组织机构和有关的规章制度,布置安排好消防、保安等措施。

三、施工的场外准备

施工现场准备除了施工现场内部的准备工作外,还有施工现场外部的准备工作,具体内容如下:

(1)材料的加工和订货;

(2)做好分包工作和签订分包合同;

(3)提交开工申请报告。

第四节　资　源　准　备

资源准备包括物资准备和劳动组织准备两大方面。

一、物资准备

物资准备是指施工中必须有的劳动手段(施工机械、工具)和劳动对象(材料、配件、构件)等的准备。工程施工所需的材料、构(配)件、机具和设备品种多且数量大,能否保证按计划供应,对整个施工过程的工期、质量和成本,有着举足轻重的作用。

施工管理人员应尽早计算出各阶段对材料、施工机械、设备、工具等的需要量,并说明供应单位,交货地点,运输方式等,特别是对预制构件,必须尽早地从施工图中摘录出构件的规格、质量、品种和数量,制表造册,向预制加工厂订货并确定分批交货清单、交货地点及时间,对大型施工机械、辅助机械及设备要精确计算工作日,并确定进场时间,做到进场后立即使用,用毕后立即退场,提高机械利用率,节省机械台班费及停留费。

物资准备工作的内容包括建筑材料的准备,构(配)件及设备的加工准备,施工机具的准备,生产工艺设备的准备,运输准备等。

(一)建筑材料准备

建筑材料的准备主要是根据施工预算进行分析,按照施工进度计划要求,按材料名称、规格、使用要求及材料储备定额和消耗定额进行汇总,编制出材料需要量计划,为组织备料、确定加工、供应地点和供应方式,签订物资买卖合同,确定仓库、场地堆放所需的面积和组织运输等。严格材料进场验收制度,加强检查、核对材料的数量和规格,做好材料试验和检验工作,保证施工质量。

(二)构(配)件及设备加工订货准备

根据施工进度计划及施工预算所提供的各种构配件及设备数量,做好加工翻样工作,并编制相应的需要量计划。根据各种构配件及设备的需要量计划向有关厂家提出加工订货计划要求,并签订订货合同。组织构配件和设备按计划进场,按施工平面图做好存放及保管工作。

(三)施工机具准备

施工所需的各种土方机械,混凝土、砂浆搅拌设备,垂直及水平运输机械,吊装机械,动力机械,钢筋加工设备,木工机械,焊接设备,打夯机,抽水设备等,应根据施工方案和施工进度,确定施工机具的数量和供应办法,确定进场时间及进场后的存放地点和方式,编制施工机具需要量计划,为组织运输、确定存放场地面积等提供依据。需要租赁机械时应提前与有关单位签订租赁合同,确保机械不耽误生产、不闲置,提高机械利用率,节省机械使用费用。对于施工机具要进行就位、搭棚、接电源、保养、调试工作,所有施工机具都必须在使用前进行检查和试运转。

(四)生产工艺设备准备

按照施工项目生产工艺流程及工艺设备的布置图,提出工艺设备的名称、型号、生产能力和需要量;按照设备安装计划确定分期分批进场时间和保管方式,编制工艺设备需要量计划,为组织运输、确定存放和组装场地的面积提供依据。

工艺设备订购时,要注意交货时间与土建施工进度密切配合。因为某些庞大设备的安装往往需要与土建施工穿插进行,如果土建全部完成或封顶后,设备安装会有困难或无法安装,故各种设备的交货时间要与安装时间密切配合,以免影响建设工期。

(五)运输准备

根据上述四项需要量计划,编制运输需要量计划,并组织落实运输工具。按照需要量计划明确进场日期,联系和调配所需运输工具,确保材料、构(配)件和机具设备按期进场。

二、劳动组织准备

(一)项目组织机构设置

实行项目管理的工程,建立项目组织机构就是建立项目经理部。高效率的项目组织机构是为建设单位服务的,是为项目管理目标服务的。这项工作实施的合理与否关系到工程能否顺利进行。施工单位建立项目经理部,应针对工程特点和建设单位的要求,根据有关规定进行。

1. 项目组织机构的设置原则

(1)用户满意原则:施工单位应根据建设单位的要求及合同约定组建项目组织机构,让建设单位满意放心。

(2)全能配套原则:项目经理应会管理、善经营、懂技术,具有较强的适应能力、应变能力和开拓进取精神。项目组织机构的成员要有施工经验、创造精神、工作效率高、做到既合理分工又密切协作,人员配置应满足施工项目管理的需要。

(3)精干高效原则:施工项目组织机构的人员设置,以能实现施工项目所要求的工作任务为原则,尽量简化机构,做到精干高效。人员配置要从严控制二三线人员,力求一专多能,一人多职。同时还要增加项目管理班子人员的知识含量,着眼于使用和学习锻炼相结合,以提高人员素质。

(4)管理跨度原则:组织机构设计时,必须使管理跨度适当。跨度大小又与分层多少有关,层次多,跨度会小;层次少,跨度会大。这就要根据领导者的能力和施工项目的大小进行权衡。对施工项目管理层来说,管理跨度更应尽量少些,以集中精力于施工管理。项目经理在组建组织机构时,必须认真设计切实可行的跨度和层次,以使其各层面管理人员在职责范围内实施有效的控制。

(5)系统化管理原则:建设项目是由许多子系统组成的有机整体,系统内部存在大量的"结合部",项目组织机构各层次的管理职能的设计应形成一个相互制约、相互联系的完整体系。

2. 项目组织机构的设立步骤

(1)根据施工单位批准的"项目管理规划大纲",确定项目经理部的管理任务和组织形式。

(2)确定项目经理部的层次,设立职能部门与工作岗位。

(3)确定人员、职责、权限。

(4)由项目经理根据"项目管理目标责任书"进行目标分解。

(5)组织有关人员制定规章制度和目标责任考核、奖惩制度。

3. 项目组织机构的组织形式

项目组织机构的组织形式应根据施工项目的规模、结构复杂程度、专业特点、人员素质和地域范围确定,并应符合下列规定:

(1)大中型项目宜按矩阵式项目管理组织设置项目经理部。

(2)远离企业管理层的大中型项目宜按事业部式项目管理组织设置项目经理部。

(3)小型项目宜按直线职能式项目管理组织设置项目经理部。

(二)组织精干的施工队伍

施工队组的建立要认真考虑专业、工种的合理配合,技工、普工的比例要满足合理的劳动组织,要符合流水施工组织方式的要求,确定建立施工队组(是专业施工队组或是混合施工队组),要坚持合理、精干的原则;同时制定出该工程的劳动力需要量计划。

项目组织机构建立后,按照开工日期和劳动力需要量计划组织劳动力进场。同时要进行安全、防火和文明施工等方面的教育,并安排好职工的生活。

(三)优化劳动组合与技术培训

针对工程施工要求,强化各工种的技术培训,优化劳动组合,主要抓好以下工作:

(1)针对工程施工难点,组织工程技术人员和工人队组中的骨干力量,进行类似工程的考察学习。

(2)做好专业工程技术培训,提高对新工艺、新材料使用操作的适应能力。

(3)强化质量意识,抓好质量教育,增强质量观念。

(4)工人队组实行优化组合、双向选择、动态管理,最大限度地调动职工的积极性。

(5)认真全面地进行施工组织设计的落实和技术交底工作。

(四)建立健全各项管理制度

施工现场的各项管理制度是否建立、健全,直接影响其各项施工活动的顺利进行。有章不循,其后果是严重的,而无章可循更是危险。因此,必须建立健全工地的各项管理制度,具体包括:

(1)项目管理人员岗位责任制度。

(2)项目技术管理制度。

(3)项目质量管理制度。

(4)项目安全管理制度。

(5)项目计划、统计与进度管理制度。

(6)项目成本核算制度。

(7)项目材料、机械设备管理制度。

(8)项目现场管理制度。

(9)项目分配与奖励制度。

(10)项目例会及施工日志制度。

(11)项目分包及劳务管理制度。

(12)项目组织协调制度。

(13)项目信息管理制度等。

当项目组织机构自行制定的规章制度与施工单位现行的有关规定不一致时,应报送施工单位或其授权的职能部门批准。

(五)做好分包安排

对于本施工单位难以承担的一些专业项目,如深基础开挖和支护、大型结构安装和设备安装等项目,应及早做好分包或劳务安排,加强与有关单位的沟通与协调,签订分包合同或劳务合同,以保证按计划组织施工。

(六)组织好科研公关

凡工程施工中采用带有试验性质的新材料、新产品、新工艺项目,应在建设单位、主管部门的参与下,组织有关设计、科研、教学等单位共同进行科研工作,并明确各自的试验项目、工作步骤、时间要求、经费来源和职责分工。

所有科研项目,必须经过技术鉴定后,才可用于施工生产活动。

第五节　季节性施工准备

由于建筑产品与建筑施工的特点,建筑工程施工绝大部分工作是露天作业,受气候影响比较大。因此,在冬期、雨期及夏季施工中,必须从具体条件出发,正确选择施工方法,合法安排施工项目,采取必要的防护措施,做好季节性施工准备工作,以保证按期、保质、安全地完成施工任务,取得较好的技术经济效果。

一、冬期施工准备

(一)应采取的组织措施

(1)合理安排冬期施工项目。冬期施工条件差,技术要求高,费用要增加。因此要合理安排施工进度计划,尽量将那些既能保证施工质量、费用又增加较少的项目安排在冬期施工,如吊装、打桩、室内装饰装修等工程。费用增加很多又不易确保质量的项目如土方、基础、外装修、屋面防水等工程,均不宜在冬期安排施工。

(2)编制冬期施工方案。进行冬期施工的施工活动,可依据《建筑工程冬期施工规程》(JGJ/T 104－2011),在入冬前应组织专人编制冬期施工方案,结合工程实际情况及施工经验等进行。冬期施工方案编制完成并审批后,项目经理部应组织有关人员学习,并向队组进行交底。

(3)组织人员培训。进入冬期施工前,对掺外加剂人员、测温保温人员、锅炉司炉工和火炉管理人员,应专门组织技术业务培训,学习本工作范围内的有关知识,明确职责,经考试合格,方准上岗工作。

(4)经常与当地气象台站保持联系,及时接收天气预报,防止寒流突然袭击。

(5)安排专人测量冬期施工期间的室外气温、暖棚内气温、砂浆温度、混凝土温度,并做好记录。

(二)施工图纸的准备

凡进行冬期施工的施工活动,必须复核施工图纸,查对其是否能适应冬期施工要求。如墙体的高厚比、横墙间距等有关的结构稳定性,现浇改为预制以及工程结构能否在冷状态下安全过冬等问题,应通过施工图纸的会审加以解决。

(三)施工现场条件的准备

(1)根据施工工程量,提前组织有关机具、外加剂和保温材料、测温材料进场。

(2)搭建加热用的锅炉房、搅拌站、敷设管道,对锅炉进行试火试压,对各种加热的材料、设备要检查其安全可靠性。

(3)计算变压器容量,接通电源。

(4)工地的临时给排水管道及白灰膏等材料做好保温防冻工作,防止道路积水成冰,及时清扫积雪,保证运输顺利。

(5)做好冬期施工混凝土、砂浆及掺外加剂的试配试验工作,提出施工配合比。

（6）做好室内施工项目的保温，如先完成供热系统、安装好门窗玻璃等，以保证室内其他项目能顺利施工。

（四）安全与防火工作

（1）冬期施工时，应针对路面、坡面以及露天工作面采取防滑措施。

（2）天降大雪后必须将架子上的积雪清扫干净，并检查马道平台，如有松动下沉现象，务必及时处理。

（3）施工时如接触汽源、热水，要防止烫伤；使用氯化钙、漂白粉时，要防止腐蚀皮肤。

（4）施工中使用有毒化学品，如亚硝酸钠，要严加保管，防止突发性误食中毒。

（5）对现场火源要加强管理；使用天然气、煤气时，要防止爆炸；使用焦炭炉、煤炉或天然气、煤气时，应注意通风换气，防止煤气中毒。

（6）电源开关、控制箱等设施要加锁，并设专人负责管理，防止漏电、触电。

二、雨期施工准备

（一）合理安排雨期施工

为了避免雨期窝工造成的工期损失，一般在雨期来临前，应多安排完成基础、地下工程、土方工程、室外及屋面工程等不宜在雨期施工的项目；多留些室内工作在雨期施工。

（二）加强施工管理，做好雨期施工的安全教育

认真编制雨期施工技术措施，如雨期前后的沉降观测措施，保证防水层雨期施工质量的措施，保证混凝土配合比、浇筑质量的措施，钢筋除锈的措施等，并认真组织贯彻实施。加强对职工的安全教育，防止各种事故发生。

（三）防洪排涝，做好现场排水工作

工程地点若在河流附近，上游有大面积山地丘陵，应有防洪排涝准备。施工现场雨期来临前，应做好排水沟渠的开挖，准备好抽水设备，防止场地积水和地沟、基槽、地下室等浸水而给工程施工造成损失。

（四）做好道路维护，保证运输畅通

雨期前检查道路边坡排水，适当提高路面，防止路面凹陷，保证运输畅通。

（五）做好物资的储存与保管

雨期到来前，要准备必要的防雨器材，应多储存物资，减少雨期运输量，以节约费用。库房四周要有排水沟渠，防止物资淋雨浸水而变质，还要做好地面防潮和屋面防漏工作。

（六）做好机具设备等防护

雨期施工对现场的各种设施、机具要加强检查，特别是脚手架、垂直运输设施等，要采取防倒塌、防雷击、防漏电等一系列技术措施，现场机具设备（焊机、闸箱等）要有防雨措施。

三、夏季施工准备

(一) 编制夏季施工项目的施工方案

夏季施工条件差、气温高、干燥,针对夏季施工的这一特点,对于安排在夏季施工的项目,应编制夏季施工的施工方案及采取的技术措施。如大体积混凝土在夏季施工,必须合理选择浇筑时间,做好测温、养护工作,以保证大体积混凝土的施工质量。

(二) 现场防雷装置的准备

夏季经常有雷雨,工地现场应有防雷装置,特别是高层建筑和脚手架等要按规定设临时避雷装置,并确保工地现场用电设备的安全运行。

(三) 施工人员防暑降温工作的准备

夏季施工还必须做好施工人员的防暑降温工作,并调整作息时间。从事高温工作的场所及通风不良的地方应加强通风和降温措施,做到安全施工。

复习思考题

1. 请简述施工准备工作的分类和主要内容。
2. 原始资料的调查包括哪些方面？各方面的主要内容有哪些？
3. 熟悉图纸有哪些要求？图纸会审有哪些要求？
4. 施工现场准备包括哪些内容？
5. 简述物资准备工作和劳动力组织准备的内容。
6. 如何做好冬期施工准备工作？
7. 如何做好雨期、夏季施工准备工作？

第三章 建筑工程流水施工

📚【学习指导】

本章主要介绍了组织施工的方式和特点,流水施工的概念、分类和表达方式。本章的重点是流水施工参数及确定、流水施工的组织形式以及流水施工组织方式在实践中的应用步骤和方法。通过本章的学习,学生应理解组织施工的三种方式及特点,流水施工的分类、概念及评价方法;掌握流水施工的主要参数及确定方法,各种流水施工方式的特点、参数计算以及施工进度计划的编制与应用;能利用流水施工的原理对建筑工程产品的生产组织流水施工,以达到缩短工期、连续均衡施工,优化资源消耗的目的。

第一节 流水施工的基本概念

流水施工来源于"流水作业",是流水作业原理在建筑工程施工组织中的具体应用。流水施工方式是建筑安装工程施工最有效、最科学的组织方法,是实际中组织施工的最常用的一种方式。

一、组织施工的基本方式

任何施工项目的施工活动中都包含了劳动力的组织安排、施工机具机械的调配、材料构配件的供应等施工组织问题。土木工程施工的组织方式是受其内部施工工序、施工场地、空间等因素影响和制约的。如何将这些因素有效地组织在一起并按照一定的时间、空间顺序展开是我们要研究的问题。

建设项目组织施工的基本方式有依次施工、平行施工和流水施工三种,这三种方式各有特点,适用的范围各异。为了说明这三种组织施工方式的概念和特点,现举例进行分析对比。

[例 3-1] 有四幢同类型建筑的基础工程按同一施工图纸施工,建造在相同的校园内。每一幢楼为一个施工段,其编号为Ⅰ、Ⅱ、Ⅲ、Ⅳ,组织了四个专业工作队完成工作。每个施工段的施工过程、工作时间及工作队人数如表 3-1 所示,其施工顺序为 A→B→C→D。不考虑资源条件的限制,试组织此基础施工。

表 3-1 某基础工程施工资料

序号	施工过程	工作时间,天	人数
1	开挖基槽(A)	2	8
2	混凝土垫层(B)	1	12
3	砌砖基础(C)	3	20
4	回填土(D)	1	8

(一) 依次施工

1. 组织思想一

将这四幢建筑物的基础一幢一幢施工，一幢完成后再施工另一幢，按照这样的方式组织施工，其具体安排如图 3-1 所示。由图可知工期为 28 天，每天只有一个作业队伍施工，劳动力投入较少，其他资源投入强度不大。

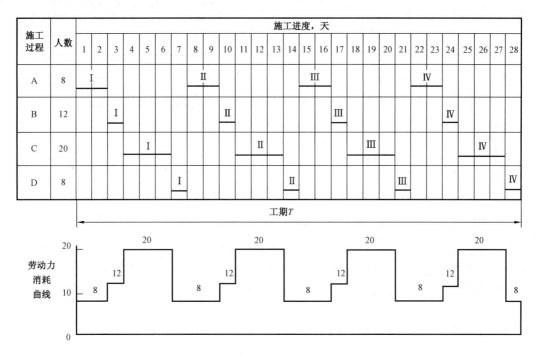

图 3-1　按施工段安排的依次施工

此时按施工段依次施工的总工期的计算式为

$$T = M \sum t_i \tag{3-1}$$

式中　M——施工段数或房屋幢数；

　　　t_i——各施工过程在一个施工段上完成施工任务所需时间；

　　　T——完成该工程所需总工期。

2. 组织思想二

将这四幢建筑物基础施工，组织每个施工过程的专业队伍连续施工，一个施工过程完成后，另一个施工队伍才进场，按照这样的方式组织施工，其具体安排如图 3-2 所示。由图可知工期也为 28 天，每天只有一个队伍施工，劳动力投入较少，其他资源投入强度不大。

此时按施工过程依次施工的总工期的计算式为

$$T = M \sum t_i \tag{3-2}$$

式中　M——施工段数或房屋幢数；

　　　t_i——各施工过程在一个施工段上完成施工任务所需时间；

　　　T——完成该工程所需总工期。

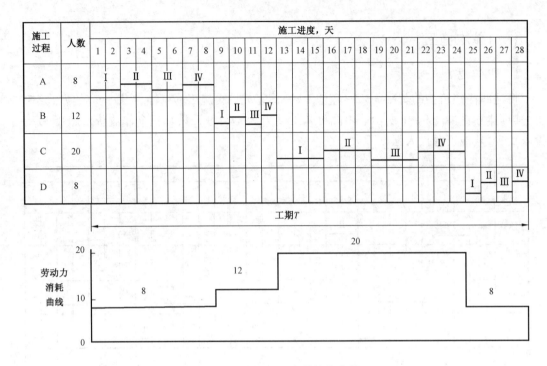

图 3-2 按施工过程安排的依次施工

第一种思想是以建筑产品为单元依次按顺序组织施工,因而同一施工过程的队伍工作是间断的,有窝工现象发生。第二种思想是以施工过程为单元依次按顺序组织施工,作业队伍是连续的,这样组织施工的方式就是依次施工或顺序施工。依次施工是一种最基本、最原始的施工组织方式。

3. 依次施工的特征

依次施工也称顺序施工,是按照建筑工程内部各分项、分部工程内在的联系和必须遵循的施工顺序,不考虑后续施工过程在时间上和空间上的相互搭接,而依照顺序组织施工的方式。顺序施工往往是前一个施工过程完成后,下一个施工过程才开始,一个工程全部完成后,另一个工程的施工才开始。

依次施工组织方式具有以下特点:

(1)施工现场的组织管理比较简单;

(2)单位时间内投入的资源种类较少,有利于资源供应的组织工作;

(3)没有充分利用工作面,工作面闲置多,空间不能连续,工期长;

(4)各专业队(组)不能连续工作,产生窝工现象;

(5)若由一个工作队完成全部施工任务,不能实现专业化生产,不利于提高工程质量和劳动生产率;

(6)难以在短期内提供较多的产品,不能适应大型工程的施工。

(二)平行施工

1. 组织思想

按例 3-1 中四幢建筑物基础施工的每个施工过程,组织 4 个相应的专业队伍,同时施工齐头并进,同时完工。按照这样的方式组织施工,其具体安排如图 3-3 所示,由图可知工期为 7 天,每天均有 4 个队伍作业,劳动力投入大,这样组织施工的方式就是平行施工。

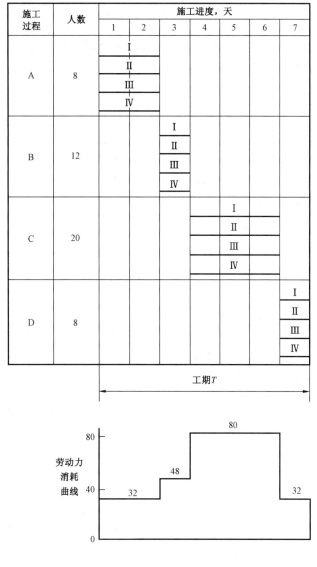

图 3-3 平行施工

2. 平行施工的特征

平行施工是将一个工作范围内的相同施工过程同时组织施工,完成以后再同时进行下一个施工过程的施工方式。平行施工的特点是:

(1)最大限度地利用了工作面,工期最短。

(2)若由一个工作队完成全部施工任务,不能实现专业化生产,不利于提高工程质量和劳动生产率。

(3)单位时间内需提供的资源数量成倍增加,不利于资源供应的组织工作,给实际施工管理带来一定的难度;

(4)施工现场的组织管理较复杂,只有在工程规模较大或工期较紧的情况下采用才是合理的。

由图 3-3 可知,平行施工的工期表达式为

$$T = \sum t_i \qquad (3-3)$$

式中　t_i——各施工过程在一个施工段上完成施工任务所需时间;

　　　T——完成该工程所需总工期。

(三)流水施工

1. 组织思想

按例 3-1 中同一个施工过程组织一个专业队伍在四幢建筑物基础上顺序施工,如挖土方组织一个挖土队伍,第一幢挖完挖第二幢,第二幢挖完挖第三幢,保证作业队伍连续施工,不出现窝工现象。不同的施工过程组织专业队伍尽量搭接平行施工,即充分利用上一施工工程的队伍作业完成留出的工作面,尽早进行组织平行施工,按照这种方式组织施工,其具体安排如图 3-4 所示。

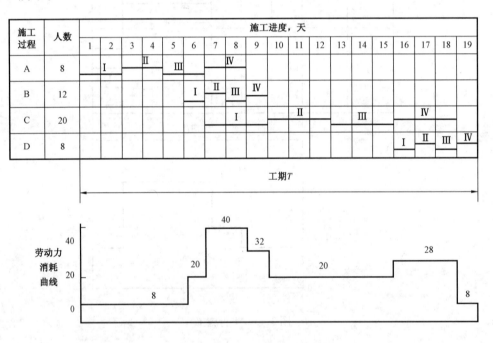

图 3-4　流水施工

由图 3-4 可知其工期为 19 天,介于顺序施工和平行施工之间,各专业队伍依次施工,没有窝工现象,不同的施工专业队伍充分利用空间(工作面)平行施工,这样的施工方式就是流水施工。

由图可知,流水施工的工期计算公式为

$$T = \sum K_{i,i+1} + T_N \qquad (3-4)$$

式中　$K_{i,i+1}$——相邻两个施工过程的施工班组开始投入施工的时间间隔;

　　　T_N——最后一个施工过程的施工班组完成全部施工任务所花的时间;

　　　$\sum K_{i,i+1}$——所有相邻施工过程开始投入施工的时间间隔之和。

2. 流水施工的特征

流水施工是将若干个同类型建筑或一幢建筑在平面上划分成若干个施工区段(施工段),组织若干个在施工工艺上有密切联系的专业班组相继进行施工,依次在各施工区段上重复完成相同的工作内容,不同的专业队伍利用不同的工作面尽量组织平行施工的施工组织方式。流水施工综合了顺序施工和平行施工的优点,是建筑施工中最合理、最科学的一种组织方式。

流水施工组织方式具有以下特点:

(1)科学地利用了工作面,争取了时间,工期比较合理。

(2)各工作队(组)能连续施工,相邻专业工作队(组)之间实现了最大限度的、合理的搭接。

(3)各施工段上,不同的工作队(组)依次、连续地进行施工。

(4)工作队(组)实现了专业化生产,提高了劳动生产率,保证了工程质量。

(5)单位时间内投入施工的资源量较为均衡,有利于资源供应的组织工作。

(6)为施工现场的文明施工和科学管理创造了有利条件。

从图3-4的流水施工组织可以发现,还没有充分地利用工作面,可按图3-5所示进行安排。

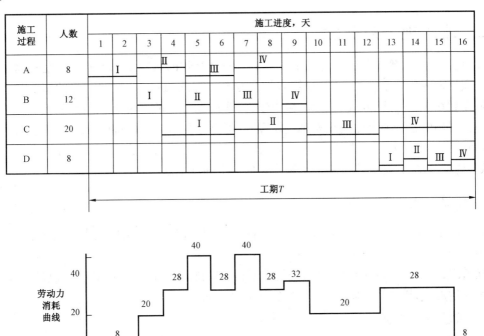

图3-5 流水施工(部分间断)

这样的安排,工期比图3-4所示的流水施工减少了3天。其中,混凝土垫层施工班组虽然作间断安排(回填土施工班组不论间断或连续安排,对减少工期没有影响),但应当指出,在一个分部工程若干个施工过程的流水施工组织中,只要安排好主要的及各施工过程,即工程量大、作业持续时间较长者(本例为开挖基槽、砌砖基础),组织它们连续、均衡地施工;而非主要的施工过程,在有利于缩短工期的情况下,可安排其间断施工,这种组织方式仍认为是流水施工的组织方式。

(四)三种施工组织方式的比较

由上面分析知,依次施工、平行施工和流水施工是组织施工的三种基本方式,其特点及适用的范围不尽相同,三者的比较如表 3-2 所示。

表3-2 三种组织施工方式比较

方式	工期	资源投入	评价	适用范围
依次施工	最长	投入强度低	劳动力投入少,资源投入不集中,有利于组织工作。现场管理相对简单,可能会产生窝工现象	规模较小,工作面有限的工程适用
平行施工	最短	投入强度最大	资源投入集中,现场组织管理复杂,不能实现专业化生产	工程工期紧迫,资源有充分的保证及工作面允许情况下可采用
流水施工	较短,介于依次施工与平行施工之间	投入连续均衡	结合了依次施工与平行施工的优点,作业队伍连续,充分利用工作面,是较理想的组织施工方式	一般项目均可适用

二、流水施工的概念

如前所述,流水施工是土木建筑工程施工中的最有效的科学组织方法。它是指将土木建筑工程项目划分成若干施工区段,组织若干个专业工程队(班组),按照一定的施工顺序和时间间隔先后在工作性质相同的施工区域中依次、连续地工作的一种施工组织方式。流水施工能使施工现场的各种业务的组织安排比较合理,可充分利用工作时间和操作空间,保证工程连续、均衡的施工,缩短工期、降低工程成本并提高经济效益。它是施工组织设计中编制施工进度计划、调配劳动力、提高建筑施工组织与管理水平的理论基础。

(一)流水施工的表达

流水施工的表示方法一般有横道图、垂直图表和网络图三种,其中最直观且易于接受的是横道图。

横道图,即甘特图(Gantt Chart),是建筑工程中安排施工进度计划和组织流水施工时常用的一种表达方式,横道图形式如图 3-1 至图 3-4 所示。

1. 横道图的形式

横道图中的横向表示时间进度,纵向表示施工过程或专业施工队编号。图中的横道线条的长度表示计划中的各项工作(施工过程、工序或分部工程、工程项目等)的作业持续时间,图中的横道线条所处的位置则表示各项工作的作业开始时刻、结束时刻以及它们之间相互配合的关系,横道线上的序号如Ⅰ、Ⅱ、Ⅲ等表示施工项目或施工段号。

2. 横道图的特点

(1)能够清楚地表达各项工作的开始时间、结束时间和持续时间,计划内容排列整齐有序,形象直观。

(2)能够按计划和单位时间统计各种资源的需求量。

(3)使用方便,制作简单,易于掌握。

（4）不容易分辨计划内部工作之间的逻辑关系，一项工作的变动对其他工作或整个计划的影响不能清晰地反映出来。

（5）不能表达各项工作间的重要性，计划任务的内在矛盾和关键工作不能直接从图中反映出来。

（6）不能利用计算机对复杂工程进行处理和优化。

3．应用范围

横道图只是计划工作者表达施工组织计划思想的一种简单工具。因为它具有简单形象、易学易用等优点，所以至今仍是土木工程实践中应用最普遍的计划表达方式之一。当然，它的缺点也决定了其应用范围的局限性。

（1）可以直接运用于一些简单的、项目规模较小的施工进度计划。

（2）在项目初期，由于复杂的工程活动尚未揭示出来，一般都采用横道图做总体计划，以供决策。

（3）作为网络分析的输出结果。目前，几乎所有的网络分析程序都有横道图输出功能，而且已被广泛使用。

4．垂直图表

垂直图表是将横道图中的水平线段改用斜线来表达的一种形式。斜线的斜率越大，施工速度越快。垂直图表是横向表示时间，纵向表示施工段，斜线表示按施工过程或专业施工队施工状态绘制而成的施工进度计划，如图 3-6 所示。

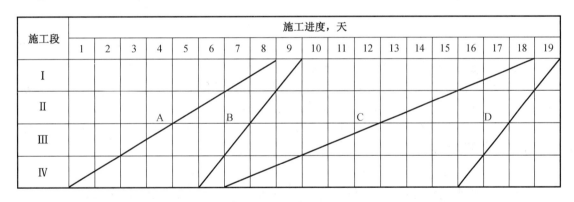

图 3-6　施工进度计划垂直图

垂直图表的最大缺点是：实际工程施工中，同时开始施工并同时完工的若干个不同的施工过程，在垂直图表上只能用一条斜线表示，不好直观地看出一条斜线代表多少个施工过程，也无法绘制劳动力或其他资源消耗动态曲线，给指导施工带来了极大的不便。因此，在实际工程施工中很少采用垂直图表。

5．网络图

网络图是由一系列的节点和箭线组合而成的网状图形，用来表示各施工过程或施工段上各项工作的先后顺序和相互依赖、相互制约的关系图。网络图的表达方式详见第四章。

（二）流水施工的分类

根据流水施工的不同特征，可将流水施工进行如下分类。

1. 按照流水施工的组织范围划分

1) 分项工程流水施工

分项工程流水施工又称为细部流水，是指组织分项工程或专业工种内部的流水施工。由一个专业工作队，依次在个各施工段上进行流水作业。分项工程流水施工是范围最小的流水施工。

2) 分部工程流水施工

分部工程流水施工又称为专业流水，是指组织分部工程中各分项工程之间的流水施工。由几个专业工作队各自连续地完成各个施工段的施工任务，工作队之间流水作业。例如，现浇混凝土工程中由安装模板、绑扎钢筋、浇筑混凝土、混凝土养护、模板拆除等专业工种组成的流水施工。

3) 单位工程流水施工

单位工程流水施工又称为综合流水，是指组织单位工程中各分部工程之间的流水施工。例如，土建工程中由土方工程、基础工程、主体结构工程、屋面工程、装饰工程等分部工程组成的流水施工。

4) 群体工程流水施工

群体工程流水施工又称为大流水，是指组织群体工程中各单项或单位工程之间的流水施工。例如，一个工程项目中由土建工程、设备安装工程、电气工程、暖通（空调）工程、给排水工程等单位工程组成的流水施工。

2. 按照施工工程的分解程度划分

1) 彻底分解流水

彻底分解流水是指将工程对象分解为若干施工过程。每一施工过程对应的专业工作队均由单一工种的工人、机具设备组成。采用这种组织方式的优点是：各个施工队组工作单一、专业性强，有利于提高工作效率、确保工程质量；其缺点是对各施工队组的配合、协调关系要求高，分工太细，有时很难安排和编制出简单明晰、直观醒目的施工进度计划，并使施工管理更加复杂、困难。因此，只有在以现浇钢筋混凝土结构为主的、特殊的分部工程施工中，才采用全部分解流水的组织方式。

2) 局部分解流水

局部分解流水是指划分施工过程时，考虑专业工种的合理搭配或专业工作队的构成，将其中部分的施工过程不彻底分解而交给多工种协调组成的专业工作队来完成施工，局部分解流水适用于工作量较小的分部工程。

3. 按照流水施工的节奏特征划分

根据流水施工的节奏特征，流水施工可划分为有节奏流水施工和无节奏流水施工两大类。有节奏流水又可分为等节奏流水和异节奏流水，相关内容会在本章第二节、第三节和第四节中介绍。

（三）流水施工的组织要点

建筑生产流水施工的实质是：由生产作业队伍并配备一定的机械设备，沿着建筑的水平方向或垂直方向，用一定数量的材料在各施工段上进行生产，使最后完成的产品成为建筑物的一部分，然后再转移到另一个施工段上去进行同样的工作，所空出的工作面由下一施工过程的生产作业队伍采用相同形式继续进行生产。如此不断进行，确保了各施工过程生产的连续性、均衡性和节奏性。

建筑生产的流水施工的组织要点：

(1)工程可以划分为若干个施工过程。

(2)该工程可以划分为工程量大致相等的若干个施工段,使单位时间内生产资源的供应和消耗基本较均衡。

(3)每个施工过程可以组织独立的施工班组,生产工人和生产设备从一个施工段转移到另一施工段,代替了建筑产品的流动。

(4)同一施工过程保持了连续施工的特点,不同施工过程在同一施工段上尽可能保持连续施工。

(5)在同一施工段上,各施工过程保持了顺序施工的特点,不同施工过程在不同的施工段上又最大限度地保持了平行施工的特点。

建筑生产的流水施工既在建筑物的水平方向流动(平面流水),又沿建筑物的垂直方向流动(层间流水)。

(四)流水施工的经济性

流水施工的连续性和均衡性方便了各种生产资源的组织,使施工企业的生产能力可以得到充分的发挥,使劳动力、机械设备得到合理的安排和使用,提高了生产的经济效果,具体归纳为以下几点:

(1)便于施工中的组织与管理。由于流水施工的均衡性,因而避免了施工期间劳动力和其他资源使用过分集中,有利于资源的组织。

(2)施工工期比较理想。由于流水施工的连续性,保证各专业队伍连续施工,减少了间歇,充分利用工作面,可以缩短工期。

(3)有利于提高劳动生产率。由于流水施工实现了专业化的生产,为工人提高技术水平、改进操作方法以及革新生产工具创造了有利条件,因而改善了工作的劳动条件,促进了劳动生产率的不断提高。

(4)有利于提高工程质量。专业化的施工提高了工人的专业技术水平和熟练程度,为推行全面质量管理创造了条件,有利于保证和提高工程质量。

(5)能有效降低工程成本。由于工期缩短、劳动生产率提高、资源供应均衡,各专业施工队连续均衡作业,减少了临时设施数量,从而可以节约人工费、机械使用费、材料费和施工管理费等相关费用,有效地降低了工程成本。

三、流水施工的参数

流水施工参数是影响流水施工组织节奏和效果的重要因素,是用以表示流水施工在工艺流程、时间安排及空间布局方面开展状态的参数。在施工组织设计中,一般将流水施工参数分为三类,即工艺参数、空间参数和时间参数,具体分类如图3-7所示。

(一)工艺参数

工艺参数是指用以表达流水施工在施工工艺上开展顺序(表示施工过程数)及其特征的参数。工艺参数通常包括施工过程数和流水强度。

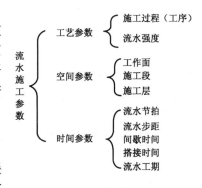

图3-7 流水参数分类

1. 施工过程

任何一个建筑工程都由许多施工过程所组成。每一个施工过程的完成,都必须消耗一定量的劳动力、建筑材料,需有建筑设备、机具相配合,并且需消耗一定的时间和占有一定范围的工作面。因此施工过程数是流水施工中最主要的参数,其数量和工程量的多少是计算其他流水参数的依据。

施工过程所包含的施工内容,既可以是分项工程或者分部工程,也可以是单位工程或者单项工程。施工过程数量用 n 来表示,它的多少与建筑的复杂程度以及施工工艺等因素有关。

依据工艺性质不同,施工过程可以分为三类:

1)制备类施工过程

制备类施工过程是指为加工建筑成品、半成品或为提高建筑产品的加工能力而成形的施工过程,如钢筋的成型、构配件的预制以及砂浆和混凝土的制备过程。

2)运输类施工过程

运输类施工过程是指将建筑材料、成品、半成品和设备等运输到工地或施工操作地点而形成的施工过程。

3)砌筑安装类施工过程

砌筑安装类施工过程是指在施工对象的空间上,进行建筑产品最终加工而形成的施工过程,例如砌筑工程、浇筑混凝土工程、安装工程和装饰工程等施工过程。

在组织施工现场流水施工时,砌筑安装类施工过程占有主要地位,直接影响工期的长短,因此必须列入施工进度计划表。由于制备类施工过程和运输类施工过程一般不占有施工对象的工作面,不影响工期,因而一般不列入流水施工进度计划表。只有当它们与砌筑安装类施工过程之间发生直接联系、占有工作面、对工期有一定影响时,才列入流水施工进度计划表,如大型构件的现场预制施工过程、边运输边吊装的构件运输施工过程等。

对于一个单位工程,施工过程并不一定等于计划中包括的所有施工工程数。因为并不是所有的施工过程都能够按照流水方式组织施工,可能只有其中的某些阶段可以组织流水施工。施工过程数目 n 是指参与该阶段流水施工的施工过程的数目。

2. 流水强度

流水强度是指流水施工的每一施工过程(专业工作队)在单位时间内完成工程的数量,又称为生产能力,一般用 V_i 表示。例如,浇筑混凝土施工过程的流水强度是指每工作班浇筑的混凝土立方数。它主要与选择的施工机械或参与作业的人数有关,可以分为两种情况来计算。

(1)机械操作流水强度的计算式为

$$V_i = \sum_{i=1}^{N} R_i S_i \tag{3-5}$$

式中　R_i——投入施工过程 i 的某种施工机械台数;

　　　S_i——投入施工过程 i 的该种施工机械台班产量定额;

　　　N——投入施工过程 i 的用于同一施工过程的主导施工机械种类数。

(2)人工操作流水强度的计算式为

$$V_i = R_i S_i \tag{3-6}$$

式中　R_i——投入施工过程 i 的专业工作队工人数;

　　　S_i——投入施工过程 i 的专业工作队平均产量定额。

流水强度关系到专业工作队的组织。合理确定流水强度有利于科学组织流水施工,对工期的优化有重要作用。

(二)空间参数

空间参数是指在组织流水施工时,用以表达流水施工在空间上开展状态的参数,主要包括工作面、施工段和施工层。

1. 工作面

工作面是指安排专业工人进行操作或者布置机械设备来进行施工所需的活动空间。工作面根据专业工种的计划产量定额和安全施工技术规程确定,反映了工人操作、机械运转在空间布置上的具体要求。

在施工作业时,无论是人工还是机械都需有一个最佳的工作面,才能发挥其最佳效率。最小工作面对应安排的施工人数和机械数是最多的。它决定了某个专业队伍的人数及机械数的上限,直接影响到某个工序的作业时间,因此工作面的确定是否合理直接关系到作业效率和作业时间。

2. 施工段

施工段是指将施工对象在平面上划分为若干个劳动量大致相等的施工区段,在流水施工中,用 m 来表示施工段的数目。

划分施工段是为组织流水施工提供必要的空间条件,是组织流水施工的基础。只有划分施工段,才能将单件的建筑产品划分为具有若干个施工段的批量产品,才能满足"分工协作、批量生产"的施工要求;保证不同的专业工作队组在不同的施工段上同时进行施工,各个专业工作队组能够按一定的顺序从一个施工段转移到另一个施工段,及早空出工作面为下一施工过程提前施工创造条件,从而保证不同的施工过程能同时在不同的工作面上进行施工;在保证工程质量的前提下,达到依次、连续、均衡施工,缩短工期的目的。在同一时间内,一个施工段只容纳一个专业施工队施工,不同的专业施工队在不同的施工段上平行作业,所以施工段数量的多少将直接影响流水施工的效果。

合理划分施工段,一般应遵循以下原则:

(1)各施工段的劳动基本相等,以保证流水施工的连续性、均衡性和有节奏性,各施工段劳动量相差不宜超过 10% ~ 15%。

(2)应满足专业工种对工作面的空间要求,以发挥人工、机械的生产作业效率,因而施工段不宜过多,最理想的情况是平面上的施工段数与施工过程相等。

(3)有利于结构的整体性,施工段的界限应尽量与结构界限相吻合,或设在对结构整体性结构影响较小的部位,如温度缝、沉降缝、单元分界或门窗洞口处。

(4)为便于组织流水施工,施工段的划分应考虑工作面要求。施工段过多,工作面过小,工作面不能充分利用;施工段过少,工作面过大,会引起资源过分集中,导致供应中断。

3. 施工层

对于多层的建筑物、构筑物,应既分施工段,又分施工层。

施工层是指为组织多层建筑物的竖向流水施工,将建筑物划分为在垂直方向上的若干区段,用 r 来表示施工层的数目。通常以建筑物的结构层作为施工层,有时为方便施工,也可以按一定高度划分一个施工层,例如单层工业厂房砌筑工程一般按 1.2 ~ 1.4m(即一步脚手架的高度)划分为一个施工层。

在多(高)层建筑分层流水施工中,总的施工段数等于 mr。为了保证专业工作队不但能够在本层的各个施工段上连续作业,而且在转入下一个施工层的施工段时,也能够连续作业,划分的施工段数目 m 必须大于或等于施工过程数目 n。

当 $m=n$ 时,此时每一施工过程或作业班组既能保证连续施工,又能使所划分的施工段不致空闲,是最理想的情况,有条件时应尽量采用。

当 $m>n$ 时,此时每一施工过程或作业班组能保证连续施工,但所划分的施工段会出现空闲,这种情况也是允许的。实际施工时有时为满足某些施工过程技术间歇的要求,有意让工作面空闲一段时间反而更趋合理。

当 $m<n$ 时,此时每一施工过程或作业班组虽能保证连续施工,但施工过程或作业班组不能连续施工而会出现窝工现象,一般情况下应力求避免。但有时当施工对象规模较小,确实不可能划分较多的施工段时,可与同工地或同一部门内的其他相似的工程组织成大流水,以保证施工队伍连续作业,不出现窝工现象。

因此,每一层最少施工段数目应满足 $m \geqslant n$,才能保证各专业施工队均能连续施工。

(三)时间参数

时间参数是指在组织流水施工时,用以表达流水施工在时间上开展状态的参数。主要包括流水节拍、流水步距、间歇时间、搭接时间和施工工期。

1. 流水节拍

流水节拍是指某一专业工作队组完成一个施工段的施工过程所必需的持续时间,用 t 表示。

1)流水节拍的计算

(1)定额计算法:用定额计算法确定流水节拍,计算式为

$$t_i = \frac{Q_i}{S_i R_i a} = \frac{Q_i H_i}{R_i a} = \frac{P_i}{R_i a} \tag{3-7}$$

式中　t_i——流水节拍;

Q_i——施工过程在一个施工段上的工程量;

S_i——完成该施工过程的产量定额;

a——每天工作班次;

H_i——完成该施工过程的时间定额;

R_i——参与该施工过程的工人数或施工机械台数;

P_i——该施工过程在一个施工段上的劳动量。

(2)经验估算法:经验估算法是根据以往的施工经验进行估算,这种方法多适用于采用新工艺、新方法和新材料等没有定额可循的工程。一般为了提高其准确程度,往往先估算出该流水节拍的最长、最短和正常(最可能)的三种时间,然后据此算出期望时间作为某专业工作队组在施工段上的流水节拍。因此,该方法也称为三种时间估算法,其计算式为

$$t = \frac{a + 4c + b}{6} \tag{3-8}$$

式中　t——某施工过程在某施工段上的流水节拍；

　　　a——某施工过程在某施工段上的最短估算时间；

　　　b——某施工过程在某施工段上的最长估算时间；

　　　c——某施工过程在某施工段上的正常估算时间。

（3）工期计算法：对于有工期要求的工程，为了满足工期要求，可用工期计算法，即根据对施工任务规定的完成日期，采用倒排进度法。但在这种情况下，必须检查劳动力和机械等物资供应的可能性，能否与之相适应。具体步骤分为三步，首先，根据工期按经验估计出各施工过程的施工时间；其次，确定各施工过程在各施工段上的流水节拍；最后，按式（3－7）求出各施工过程所需的人数或机械台数。

2）确定流水节拍应考虑的因素

（1）有工期要求时，要以满足工期要求为原则；

（2）要考虑各种资源供应量情况；

（3）节拍值一般取整数，必要时可取 0.5 天；

（4）要考虑各种机械的台班效率或机械台班产量；

（5）工作班制要恰当，充分考虑工期和流水施工工艺、施工技术的具体要求；

（6）专业工作队人数要符合施工过程对劳动组合的最少人数要求和工作面对人数的限制条件。

由此可见，影响流水节拍的因素主要包括所采用的施工方法、投入的劳动力、材料、机械以及工作班次。

2. 流水步距

流水步距（K）是指相邻两施工过程（或作业队伍）先后投入流水施工的时间间隔，一般用 $K_{i,i+1}$ 表示专业工作队投入第 i 个和第 $i+1$ 个施工过程之间的流水步距。

1）流水步距的计算

流水步距的确定方法很多，简洁而实用的方法主要有图上分析法、分析计算法和"大差"法（潘特考夫斯基法），具体会在本章第二节、第三节和第四节中介绍。

2）确定流水步距应考虑的因素

流水步距应根据施工工艺、流水形式和施工条件来确定，在确定流水步距时应尽量满足以下要求：

（1）要满足相邻两个施工过程在施工顺序上的制约关系；

（2）尽量保证相邻两个专业工作队能够连续施工；

（3）相邻两施工过程的施工作业应能最大限度地组织平行施工；

（4）保持施工过程之间有足够的技术间歇时间、组织间歇时间。

3. 间歇时间

1）技术间歇

在流水施工中，除了考虑两相邻施工过程间的正常流水步距外，有时应根据施工工艺的要求考虑工艺间合理的技术间歇时间（t_g）。如混凝土浇筑完成后应进行养护一段时间后才能进行下一道工艺，这段养护时间即为技术间歇，它的存在会使工期延长。

2）组织间歇

组织间歇时间（t_z）是指施工中由于考虑施工组织的要求，两相邻的施工过程在规定的流水步距以外增加必要的时间间隔,以便施工人员对前一施工过程进行检查验收,并为后续施工过程做出必要的技术准备工作等。如基础混凝土浇筑并养护后,施工人员必须进行主体结构轴线位置的弹线等。

4. 搭接时间

搭接时间(t_d)是指施工中由于考虑组织措施等原因,在可能的情况下,后续施工过程在规定的流水步距以内提前进入该施工段进行施工,这样工期可进一步缩短,施工更趋合理。

5. 流水工期

流水工期(T)是指一个流水施工中,从第一个施工过程(或作业班组)开始进入流水施工,到最后一个施工过程(或作业班组)施工结束所需的全部时间。

第二节 等节奏流水施工

一、等节奏流水施工的概念及特点

(一)概念

等节奏流水施工是指参与流水施工的各施工过程的流水节拍彼此相等的流水施工组织方式,即同一施工过程在不同的施工段上的流水节拍相等,不同的施工过程在同一施工段上的流水节拍也相等的流水施工方式,也称为全等节拍流水或固定节拍流水。

(二)组织特点

(1)所有施工过程在各个施工段上的流水节拍彼此相等。

(2)所有施工过程之间的流水步距相等,且等于流水节拍,即 $K_{i,i+1} = K = t$。

(3)每个施工过程在每个施工段上均由一个专业施工队独立完成作业,即专业施工队数目 n' 等于施工过程数 n。

(4)各个施工过程的施工速度相等,均等于 mt。

(5)专业施工队能够连续作业,施工段没有空闲,保证了流水施工在时间和空间上的连续。

二、等节奏流水施工的组织方法

首先划分施工过程,将劳动量较小的施工过程合并到相邻施工过程中,使各施工过程的劳动量相差不大;其次确定主要施工过程专业工作队的人数,并计算流水节拍;最后根据流水节拍确定其他施工过程专业工作队的人数,同时考虑施工段的工作面和合理劳动组合,适当地进行调整。

等节奏流水施工,一般只适用于施工对象简单、工程规模小、施工过程数目不多的房屋工程或线型工程,如道路工程、管道工程等。由于等节奏流水施工的流水节拍和流水步距是定值,局限性较大,且土木建筑工程和施工具有复杂性,因而在实际土木建筑工程中采用这种组织方法的不多,通常它只用于组织一个分部工程的流水施工。

三、等节奏流水施工工期

（一）引例

某一基础工程施工，分成三个施工段即 $m=3$，有四个施工过程即 $n=4$，且施工顺序为 A→B→C→D，各施工过程的流水节拍均为 2 天，即 $t_A=t_B=t_C=t_D=2$ 天，试组织流水施工并计算工期。

解：由已知条件知，各施工过程的流水节拍均相等，可以组织等节奏流水施工，流水步距 $K=t=2$（天）。

画进度计划横道图如图 3-8 所示。

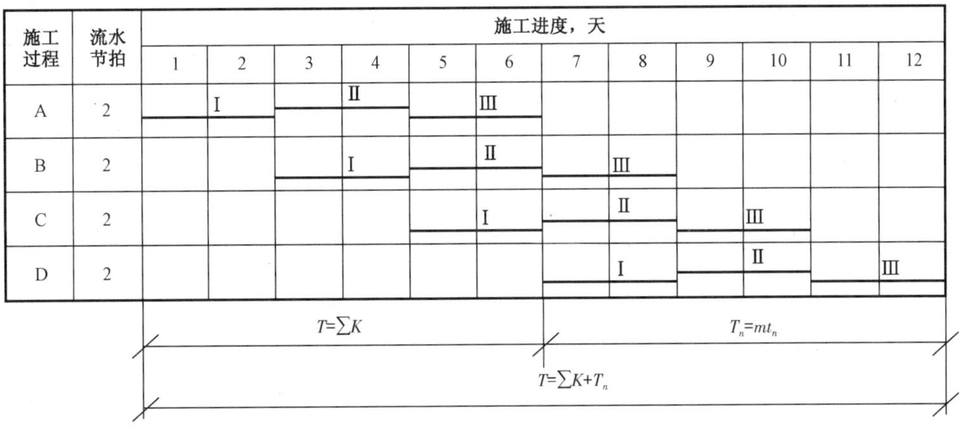

施工过程	流水节拍	施工进度，天											
		1	2	3	4	5	6	7	8	9	10	11	12
A	2		I		II		III						
B	2				I			II		III			
C	2						I		II		III		
D	2								I		II		III

$T=\sum K$ $T_n=mt_n$

$T=\sum K+T_n$

图 3-8　流水施工进度计划

由图 3-8 可知，本示例工期为 12 天，其组成可分为两部分：一部分为各施工过程的流水步距之和 $\sum K=(4-1)\times 2=6$（天）；另一部分为最后一施工队伍作业持续的时间为 $T_n=mt_n=3\times 2=6$（天）。

（二）工期计算公式

等节奏流水施工的工期计算分为以下两种情况。

1. 不分层施工情况

由引例知，等节奏流水施工工期公式为

$$T=\sum K_{i,i+1}+T_n \tag{3-9}$$

式中　T——流水工期；

$\sum K_{i,i+1}$——参加流水的各施工过程（或作业班组）流水步距之和，且 $\sum K_{i,i+1}=(n-1)K$；

T_n——最后一个施工过程作业持续时间，$T_n=mt$。

根据等节奏流水施工的特征，并考虑施工中的间歇及搭接情况，可以将式（3-9）改写成一般形式，即

$$T=\sum K_{i,i+1}+T_n+\sum t_g+\sum t_z-\sum t_d=(n-1)+mt+\sum t_g+\sum t_z-\sum t_d$$

即
$$T = (m + n - 1)t + \sum t_g + \sum t_z - \sum t_d \tag{3-10}$$

式中　T——不分层施工时等节奏流水施工的工期；

　　　m——施工段数；

　　　n——施工过程数；

　　　t——流水节拍；

　　　$\sum t_g$、$\sum t_z$、$\sum t_d$——技术间歇之和、组织间歇之和、搭接时间之和。

2. 分层施工情况

当分层进行流水施工时，为了保证在跨越施工层时，专业施工队能连续施工而不产生窝工现象，施工段数目的最小值 m_{min} 应满足以下要求：

（1）无技术间歇时间和组织时间时，$m_{min} = n$。

（2）有技术间歇和组织间歇时间时，为保证专业施工队连续施工，应取 $m > n$，此时，每层施工段空闲数为 $(m - n)$，每层空闲时间为

$$(m - n)t = (m - n)K$$

若一个施工层内各施工过程的技术间歇时间和组织间歇时间之和为 Z，楼层间的技术间歇时间和组织间歇时间之和为 C，为保证专业施工队连续施工，则

$$(m - n)K = Z + C$$

由此，可得出每层的施工段数目 m_{min} 应满足

$$m_{min} = n + \frac{Z + C - \sum t_d}{K} \tag{3-11}$$

式中　K——流水步距；

　　　Z——施工层内各施工过程间的技术间歇时间和组织间歇时间之和，即 $Z = \sum t_g + \sum t_z$；

　　　C——施工层间的技术间歇时间和组织间歇时间之和。

如果每个施工层的 Z 并不均等，各层间的 C 也不均等时，应取各层中最大的 Z 和 C，式（3-11）可改为

$$m_{min} = n + \frac{Z_{max} + C_{max} - \sum t_d}{K} \tag{3-12}$$

分施工层组织等节奏流水施工时，其流水施工工期的计算式为

$$T = (A \cdot m \cdot r + n - 1)t + \sum t_g + \sum t_z - \sum t_d \tag{3-13}$$

式中　A——参加流水施工的同类型建筑的幢数；

　　　r——每幢建筑的施工层数；

　　　m——每幢建筑每一层划分的施工段数；

　　　n——参加流水的施工过程（或作业班组）数；

　　　t——流水节拍，$t = K$；

　　　K——流水步距。

从流水施工工期的计算公式可以看出,施工层数越多,施工工期越长;技术、组织间歇时间的存在,也会使施工工期延长;在工作面和资源能保证供应的条件下,一个专业工作队能够提前进入施工现场,在空出的工作面上进行作业,所产生的搭接时间可以缩短施工工期。

四、示例

[例3-2] 某分部工程由 A、B、C、D 四个施工过程组成,划分为 4 个施工段,流水节拍均为 3 天,施工过程 B、C 有技术间歇时间 2 天,施工过程 C、D 之间平行搭接 1 天,试确定流水步距、计算工期,并绘制流水施工进度计划表。

解:因流水节拍均等,属于等节奏流水施工。

(1)确定流水步距,有

$$K = t = 3(\text{天})$$

(2)计算工期,有

$$\sum t_g = 2(\text{天})$$

$$\sum t_d = 1(\text{天})$$

由式(3-10)可得

$$T = (m + n - 1)t + \sum t_g + \sum t_z - \sum t_d = (4 + 4 - 1) \times 3 + 2 - 1 = 22(\text{天})$$

(3)绘制流水施工进度计划图,如图3-9所示。

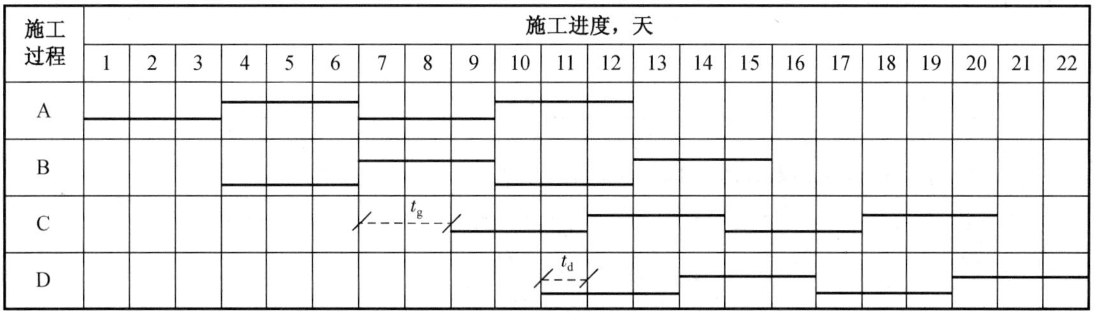

施工过程	施工进度,天																					
	1	2	3	4	5	6	7	8	9	10	11	12	13	14	15	16	17	18	19	20	21	22
A																						
B																						
C																						
D																						

图3-9 某分部工程流水施工进度计划图

[例3-3] 某二层现浇钢筋混凝土主体结构工程,包括支模、扎筋、浇混凝土这三个过程,采用的流水节拍均为 2 天,且知混凝土浇完养护 1 天后才能支模,试组织流水施工。

解:(1)确定流水步距,有

$$K = t = 2(\text{天})$$

(2)确定施工段数,当有层间关系时,则计算式为

$$m = n + \frac{Z + C - \sum t_d}{K} = 3 + \frac{0 + 0}{2} + \frac{1}{2} = 3\frac{1}{2}$$

所以取 m = 4 段。

(3)计算工期,由式(3-13)得

$$T = (A \cdot m \cdot r + n - 1)t + \sum t_g + \sum t_z - \sum t_d = (1 \times 4 \times 2 + 3 - 1) \times 2 = 20(\text{天})$$

(4)绘制流水施工进度计划图,如图3-10所示。

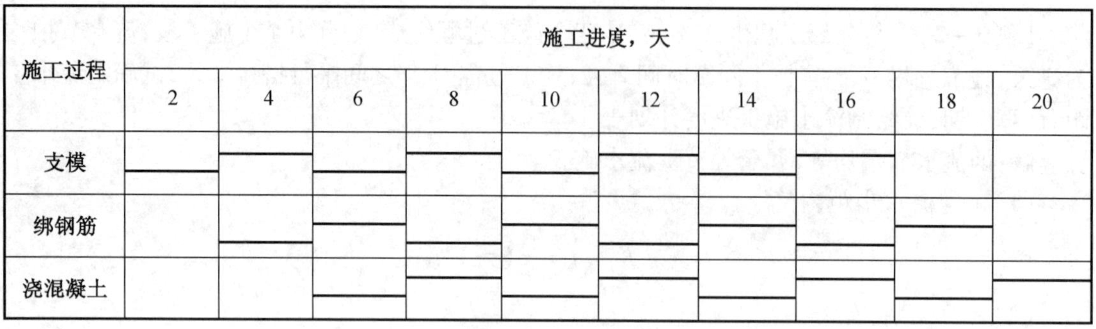

施工过程	施工进度,天									
	2	4	6	8	10	12	14	16	18	20
支模										
绑钢筋										
浇混凝土										

图3-10 某二层现浇钢筋混凝土主体结构工程流水施工进度计划图

[例3-4] 某一基础施工的有关参数如表3-3所示,划分成四个施工段,试组织等节奏流水施工(要求以劳动量最大的施工过程来确定流水节拍)。

表3-3 某基础工程有关参数

序号	施工过程	总工程量	劳动定额	说明
1	挖土垫层	460m³	0.51 工日/m³	1. 基础总长度为370m左右。
2	绑扎钢筋	10.5t	7.8 工日/t	2. 砌砖的技工与普工的比例为2:1,技工所需的最小工作面为7.6m/人
3	浇基础混凝土	150m³	0.83 工日/m³	
4	砖基础、回填土	180m³	1.45 工日/m³	

解:(1)计算各施工过程的劳动量,其计算式为

$$P_i = \frac{Q_i}{S_i} = Q \cdot Z_i \tag{3-14}$$

式中 Q_i——施工过程在一个施工段上的工程量;

S_i——完成该施工过程的产量定额;

P_i——该施工过程在一个施工段上的劳动量。

挖土及垫层施工过程在一个工段上的劳动量为

$$P_1 = \frac{460}{4} \times 0.51 = 59 \quad (\text{工日})$$

其他各施工过程在一个施工段上的劳动量见图3-12。

(2)确定主要施工过程的工人数和流水节拍。从计算可知,"砖基础及回填土"这一施工过程的劳动量最大,应按该施工过程确定流水节拍。由于基础的总长度决定了所能安排技术工人的最多人数,根据已知条件可求出该施工过程可安排的最多工人数,有

$$R_4 = \frac{370}{4 \times 7.6} \div 2 \times (2 + 1) = 18(人)$$

由此即可求得该施工过程的流水节拍为

$$t_4 = \frac{P_4}{R_4} = \frac{65}{18} = 3.6(天)$$

流水节拍应尽量取整数,为使实际安排的劳动量与计算所得劳动量误差最小,最后应根据实际安排的流水节拍4天来求得相应的工人数,同时应检查最小工作面的要求。

(3)确定其他施工过程的工人数。根据等节奏流水的特点可知其他施工过程的流水节拍也应等于4天,由此可得其他施工过程所需的工人数,如"挖土、垫层"的人工数为

$$R_1 = \frac{P_1}{t_1} = \frac{59}{4} = 15(人)$$

其他施工过程的工人数见图3-12。

(4)求工期,有

$$T = (m + n - 1)t = (4 + 4 - 1) \times 4 = 28(天)$$

(5)检查各施工过程的最小劳动组合或最小工作面要求,并绘出流水施工进度如图3-11所示,图中Ⅰ、Ⅱ、Ⅲ、Ⅳ表示的是四个施工段。

序号	施工过程	劳动量工日	工人数	流水节拍天	施工进度,天						
					4	8	12	16	20	24	28
1	挖土垫层	59	15	4	Ⅰ	Ⅱ	Ⅲ	Ⅳ			
2	绑扎钢筋	20	5	4		Ⅰ	Ⅱ	Ⅲ	Ⅳ		
3	浇筑混凝土	31	8	4			Ⅰ	Ⅱ	Ⅲ	Ⅳ	
4	基础及回填土	65	18	4				Ⅰ	Ⅱ	Ⅲ	Ⅳ

图3-11 某基础工程等节奏流水施工进度计划图

第三节 异节奏流水施工

在组织流水施工时,常常遇到这样的问题:如果某施工过程要求尽快完成,或某施工过程的工程量过少,这种情况下,这一施工过程的流水节拍就小;如果某施工过程由于工作面受到限制,不能投入较多的人力或机械,这一施工过程的流水节拍就大。这就出现了各施工过程的流水节拍不能相等的情况,这时可以组织异节奏流水施工。

异节奏流水施工是指在有节奏流水施工中,各施工过程的流水节拍各自相等而不同施工过程之间的流水节拍不一定相等的流水施工方式。异节奏流水施工又可分为等步距异节拍流水施工和异步距异节拍流水施工两种。

一、等步距异节拍流水施工

等步距异节拍流水也称为成倍节拍流水施工,它是异节奏流水施工的一种特殊情况。等步距异节拍流水施工是指在组织流水施工时,同一施工过程的流水节拍相等,不同施工过程之

间的流水节拍不全相等,但各个施工过程的流水节拍均为其中最小流水节拍的整数倍数的流水施工方式。为加快流水施工速度,按最大公约数的倍数组建每个施工过程的施工班组,可以形成类似于等节奏流水的等步距异节拍流水施工方式。

(一)等步距异节拍流水施工的特征

(1)同一施工过程的流水节拍相等,不同施工过程流水节拍之间存在整数倍或公约数关系。

(2)流水步距彼此相等,且等于流水节拍的最大公约数。

(3)专业施工队总数目 n' 大于施工过程数 n。

(4)各专业施工队都能够保证连续施工,施工段没有空闲。

等步距异节拍流水施工适用于一般房屋建筑施工,也适用于线型工程(如道路、管道)的施工。

(二)等步距异节拍流水施工的组织

(1)确定流水步距,有

$$K = K_b \tag{3-15}$$

式中 K_b——成倍节拍流水步距,取流水节拍的最大公约数。

(2)计算施工班组数,有

$$b_i = \frac{t_i}{K} \tag{3-16}$$

式中 b_i——某施工过程所需的施工班组数;

t_i——某施工过程的流水节拍。

专业工作队总数目 n' 的计算式为

$$n' = \sum_{i=1}^{n} b_i > n \tag{3-17}$$

(3)计算总工期,当不分层施工时,有

$$T = (m + n' - 1)K + \sum t_g + \sum t_z - \sum t_d \tag{3-18}$$

当分施工层进行流水施工时,施工段数目的最小值 m_{min} 应满足

$$m_{min} = n' + \frac{Z_{max} + C_{max} - \sum t_d}{K} \tag{3-19}$$

式中 n'——专业工作队总数。

施工工期的计算式为

$$T = (A \cdot m \cdot r + n' - 1)K + \sum t_g + \sum t_z - \sum t_d \tag{3-20}$$

(4)绘制流水施工进度计划表。

(三)示例

[例3-5] 某工程施工(不分层),分三个施工段即 $m=3$,有三个施工过程即 $n=3$,其顺序为 A→B→C,每个工序的流水节拍为 $t_A=2$ 天,$t_B=4$ 天,$t_C=2$ 天,试组织该工程施工并求工期。

解: 由 $t_A=2$,$t_B=4$,$t_C=2$ 知,各施工过程的流水节拍不完全相等,但有最大公约数2,故可以组织成倍节拍流水施工。

1)确定流水步距

K 为最大公约数,由已知条件求得最大公约数为2,即 $K=2$(天)。

2)确定专业施工班组数

由公式 $b_i=\dfrac{t_i}{K}$ 可得

$$b_A=\frac{2}{2}=1(个)$$

$$b_B=\frac{4}{2}=2(个)$$

$$b_C=\frac{2}{2}=1(个)$$

计算专业施工班组数,有

$$n'=\sum_{i=1}^{n}b_i=1+2+1=4$$

3)计算总工期

$$T=(m+n'-1)K=(3+4-1)\times2=12(天)$$

4)绘制流水施工进度计划图

绘制流水施工进度计划图,如图3-12所示。

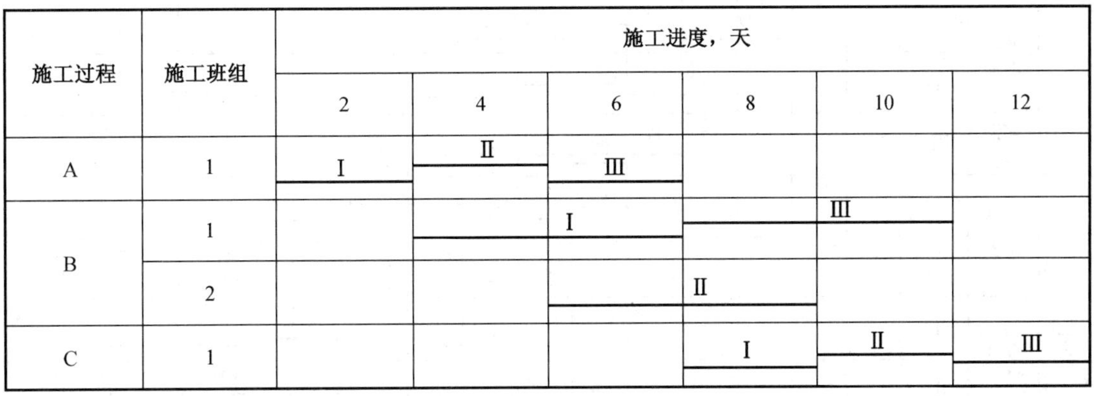

施工过程	施工班组	施工进度,天					
		2	4	6	8	10	12
A	1	I	II	III			
B	1			I		III	
	2				II		
C	1				I	II	III

图3-12 某工程成倍节拍流水施工进度计划图

[例3-6] 某两层现浇筑钢筋混凝土工程,施工分为安装模板、绑扎钢筋和浇筑混凝土三个施工过程。已知每个施工过程在每层每个施工段上的流水节拍分别为 $t_{模}=2$ 天,$t_{扎}=2$

天，$t_浇 = 1$ 天。当安装模板施工队转移到第二结构层的第一施工段时，需待第一层第一施工段的混凝土养护 1 天后才能进行施工。在保证各施工队连续施工的条件下，试组织流水施工，并绘制流水施工进度计划表。

解： 根据工程特点，按成倍节拍流水施工方式组织流水施工。

1）确定流水步距

$$K = 最大公约数\{2,2,1\} = 1(天)$$

2）计算专业施工队数目

$$b_模 = 2/1 = 2(个)；b_扎 = 2/1 = 2(个)；b_浇 = 1/1 = 1(个)$$

专业施工队总数目 $n' = 2 + 2 + 1 = 5$

3）确定每层的施工段数目

$$m_{min} = n' + \frac{Z_{max} + C_{max} - \sum t_d}{K} = 5 + \frac{1}{1} = 6(段)$$

4）计算总工期

$$T = (m \times r + n' - 1) \times K = 6 \times 2 + 5 - 1 \times 1 = 16(天)$$

5）绘制流水施工进度计划图

绘制流水施工程度计划图，如图 3 - 13 所示。

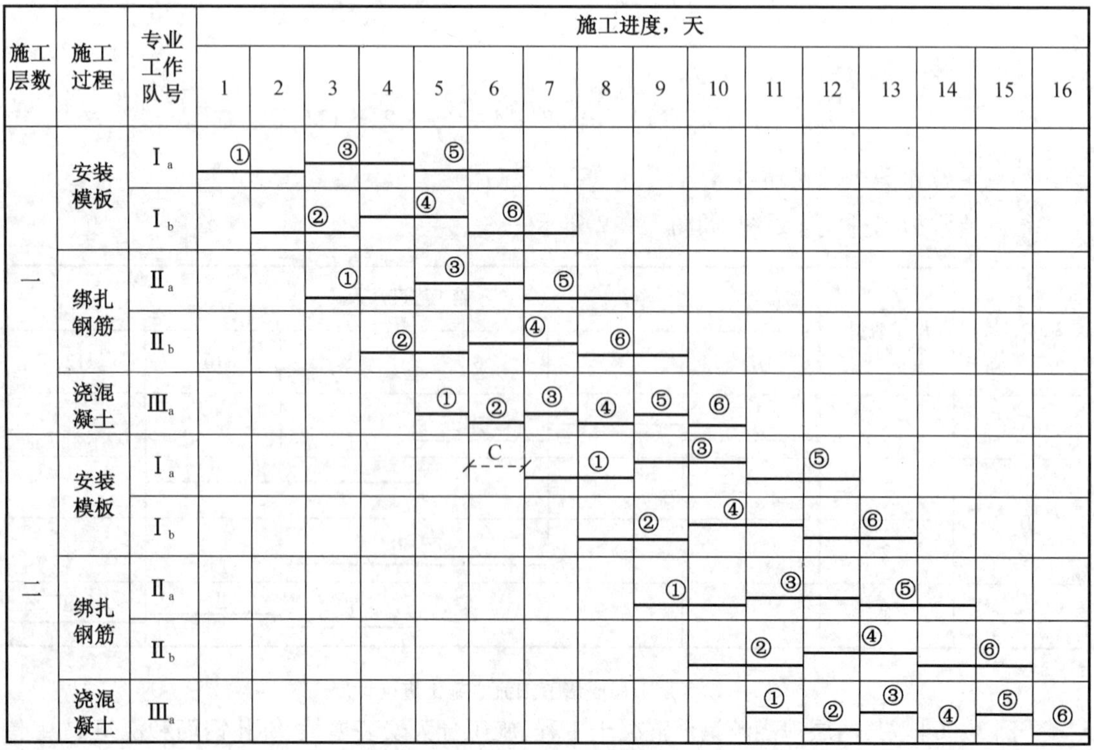

施工层数	施工过程	专业工作队号	施工进度，天															
			1	2	3	4	5	6	7	8	9	10	11	12	13	14	15	16
一	安装模板	I_a	①		③		⑤											
		I_b		②			④	⑥										
	绑扎钢筋	II_a			①		③		⑤									
		II_b				②		④		⑥								
	浇混凝土	III_a					①	②	③	④	⑤	⑥						
二	安装模板	I_a						C		①		③		⑤				
		I_b									②	④		⑥				
	绑扎钢筋	II_a									①		③		⑤			
		II_b										②		④		⑥		
	浇混凝土	III_a											①	②	③	④	⑤	⑥

图 3 - 13 成倍节拍流水施工进度计划图

二、异步距异节拍流水施工

异步距异节拍流水施工在同一施工过程中各个施工段的流水节拍相等,不同施工过程之间的流水节拍既不相等也不成倍。

(一)异步距异节拍流水施工的特征

(1)同一施工过程的流水节拍相等,不同施工过程的流水节拍不一定相等。

(2)各施工过程之间的流水步距不一定相等。

(3)各专业施工队都能够保证连续施工,但有的施工段之间可能有空闲。

(4)施工班组数等于施工过程数。

异步距异节拍流水施工适用于施工段大小相等的分部工程或单位工程的流水施工,它在进度安排上比较灵活,实际应用较为广泛。

(二)异步距异节拍流水施工的组织

1. 确定流水步距

对于 $K_{i,i+1}$,有

$$K_{i,i+1} = t_i \qquad (t_i \leqslant t_{i+1}) \qquad (3-21)$$

$$K_{i,i+1} = mt_i - (m-1)t_{i+1} \qquad (t_i > t_{i+1}) \qquad (3-22)$$

式中　t_i——第 i 个施工过程的流水节拍;

t_{i+1}——第 $i+1$ 个施工过程的流水节拍。

2. 计算流水施工工期

流水施工工期的计算式为

$$T = \sum_{i=1}^{n-1} K_{i,i+1} + mt_n + \sum t_g + \sum t_z - \sum t_d \qquad (3-23)$$

式中　t_n——最后一个施工过程的流水节拍。

3. 绘制流水施工进度计划表

按要求绘制流水施工进度计划表(略)。

(三)示例

[例3-7]　已知某工程可以划分为 A、B、C、D 四个施工过程,四个施工段,其顺序为 A→B→C→D,各施工过程的流水节拍分别为 $t_A = 2$ 天,$t_B = 3$ 天,$t_C = 4$ 天,$t_D = 3$ 天,并且 A 过程与 B 过程有 1 天技术间歇时间,试组织该工程施工并求工期。

解:(1)根据式(3-21),式(3-22)计算流水步距,有

$$t_A = 2, t_B = 3, t_A < t_B$$

$$K_{A,B} = t_A = 2(天)$$

$$t_B = 3, t_C = 4, t_B < t_C$$

$$K_{B,C} = t_B = 3(天)$$

$$t_C = 4, t_D = 3, t_C > t_D$$

$$K_{C,D} = mt_C - (m-1)t_D = 4 \times 4 - (4-1) \times 3 = 7(天)$$

(2)计算总工期,有

$$T = \sum_{i=1}^{n-1} K_{i,i+1} + mt_n + \sum t_g + \sum t_z - \sum t_d = (2+3+7) + 4 \times 3 + 1 = 25(天)$$

(3)绘制流水施工季度计划图,如图 3 – 14 所示。

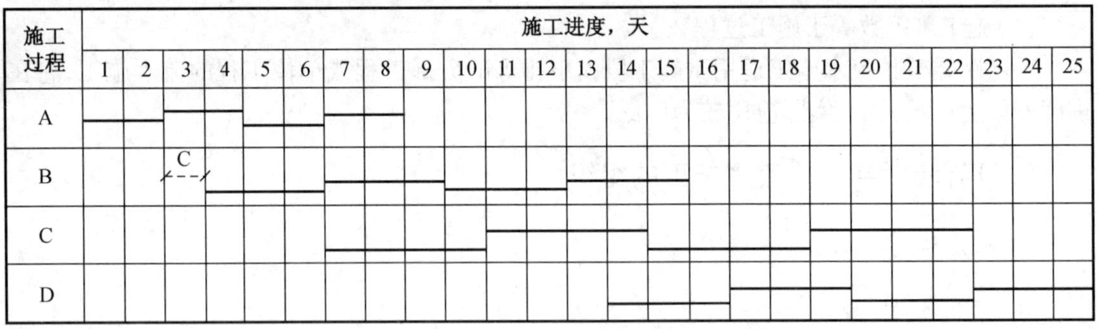

施工过程	施工进度,天																								
	1	2	3	4	5	6	7	8	9	10	11	12	13	14	15	16	17	18	19	20	21	22	23	24	25
A																									
B			C																						
C																									
D																									

图 3 – 14　某工程施工进度计划图

第四节　无节奏流水施工

一、无节奏流水施工的概念及组织特点

(一)概念

无节奏流水施工是指同一施工过程在各个施工段上流水节拍不完全相等的一种流水施工方式,也称为分别流水。无节奏流水是实际工程中常见的一种组织流水的方式,它不像有节奏流水那样有一定的时间规律约束,因此在进度安排上比较灵活、自由。

在工程项目的实际施工中,通常每个施工过程在各个施工段上的工程量彼此不相等,各施工班组的生产效率相差很大,导致大多数的流水节拍也彼此不相等,因此有节奏流水,特别是全等节拍和成倍节拍流水施工往往是很难组织的。在这种情况下,按照流水施工的基本概念,在保证施工工艺、满足施工顺序要求的前提下,按照一定的计算方法,确定相邻施工队组之间的流水步距,使其在开工时间上最大限度地、合理地搭接起来,形成每个专业施工队组都能连续作业的流水施工方式,这种流水施工的组织方式称为无节奏流水施工,又称为分别流水施工。它是流水施工的普遍形式。

(二)组织特点

(1)各个施工过程在各个施工段上的流水节拍彼此不等,也无特定规律。

(2)所有施工过程之间的流水步距彼此不全等。

（3）每个施工过程在每个施工段上均由一个专业施工队独立完成作业，即专业施工队数目 n' 等于施工过程数 n。

（4）每个专业施工队能够连续作业，个别施工段可能有闲置。

一般来说，固定节拍或成倍节拍流水施工通常只适用于一个分部或分项工程中。而无节奏流水施工没有固定约束，在进度安排上比较灵活，允许施工段出现闲置，因此能够适应各种结构不同、规模不等、复杂程度不同的工程对象，且具有更广泛的应用范围。

二、无节奏流水施工的组织方法

无节奏流水施工的实质是：各专业工作队组连续作业，流水步距经计算确定，使专业工作队之间在一个施工段内不互相干扰（不超前，但可以滞后），或做到前后工作队之间的工作紧紧衔接。其具体组织方法如下：

（1）确定施工起点流向，分解施工过程。

（2）确定施工顺序，划分施工段。

（3）计算每个施工过程在各个施工段上的流水节拍。

（4）用"大差法"计算相邻两个专业施工班组之间的流水步距。

（5）每个施工过程成立专业工作队。

（6）计算流水施工的计划工期。

（7）编制流水施工进度计划。

三、无节奏流水施工的流水步距

（一）示例

[例 3-8]　某项目施工（不分层），分三个施工段，三个施工过程，施工顺序为 A→B→C，每个施工过程在不同的施工段上的流水节拍见表 3-4，试组织流水施工。

表 3-4　流水节拍资料表

施工过程	流水节拍，天		
	Ⅰ	Ⅱ	Ⅲ
A	1	2	1
B	2	3	3
C	2	2	3

解：根据所给资料知：各施工过程在不同的施工段上流水节拍不相等，故可组织分别流水施工。在满足组织流水施工时施工队伍连续施工，不同的施工队伍尽量平行搭接施工的原则下，尝试绘制进度如图 3-15 所示。

由图 3-15 可知，该计划满足了各类专业施工队伍连续作业没有窝工现象发生，其工期可分为两个部分，第一部分是各施工过程间流水步距之和，另一部分为最后一个施工过程的作业队伍作业持续时间，总工期为 12 天。由此可见，组织无节奏流水的最关键的一步是确定各施工过程（作业队伍）间的流水步距。

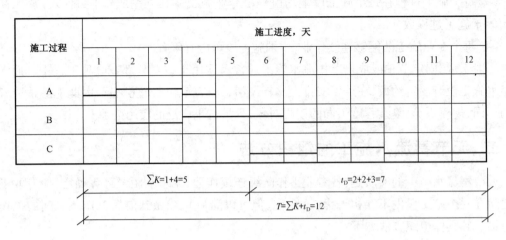

施工过程	施工进度，天											
	1	2	3	4	5	6	7	8	9	10	11	12
A												
B												
C												

$\sum K=1+4=5$ $t_D=2+2+3=7$

$T=\sum K+t_D=12$

图 3 – 15　无节奏流水进度计划

(二) 流水步距的确定

无节奏流水施工中,流水步距的大小是没有规律的,一般彼此不相等。对于无节奏流水,确定流水步距最简单最常用的方法就是用潘特考夫斯基法,此法又称为"累加数列错位相差取最大差法",具体步骤如下:

(1)将各施工过程在不同施工段上的流水节拍进行累加,形成数列。

(2)将相邻的两施工过程形成的数列的错位相减形成差数列。

(3)取相减差数列的最大值,即为相邻两施工过程的流水步距。

[例 3 – 9]　求例 3 – 8 中的 K_{AB}、K_{BC}。

解:(1)求各专业工作队组流水节拍的累加数列,有

A: 1,　3,　4

B: 2,　5,　8

C: 2,　4,　7

(2)错位相减,求差数列,有

A – B　　1,　3,　4

　　　— 　2,　5,　8

　　　1,　1,　– 1,　– 8

B – C　　2,　5,　8

　　　— 　2,　4,　7

　　　2,　3,　4,　– 7

(3)确定流水步距,有

$$K_{AB} = \max\{1,1,-1,-8\} = 1$$

$$K_{BC} = \max\{2,3,4,-7\} = 4$$

用这种方法计算的各施工过程间的流水步距与图 3 – 15 中尝试安排得到的流水步距是一致的。

(三)工期计算

由例 3 – 8 分析可知,分别流水施工的工期公式为

$$T = \sum_{i=1}^{n-1} K_{i,i+1} + T_n + \sum t_g + \sum t_z - \sum t_d \tag{3 – 24}$$

式中　T——分别流水施工工期;

　　　$K_{i,i+1}$——各施工过程之间的流水步距;

　　　T_n——最后一个作业队伍持续时间。

第五节　流水施工综合实例

一、组织流水施工的程序

流水施工是一种科学、有效的施工方式,在土木工程施工中应尽量采取流水施工的组织方式,尽可能连续、均衡地进行施工,加快施工速度。

在实际工程中,由于每项工程都有各自的特点,不可能按同一定式进行流水施工。为了合理地组织流水施工,就要结合各个工程的不同特点,根据实际工程的施工条件和施工内容,合理地确定流水施工的各项参数,通常按照下列程序进行。

(一)确定施工顺序,划分施工过程

组织一个施工阶段的流水施工时,往往可按施工顺序划分成许多个分项工程。例如基础工程施工阶段可划分成挖土、钢筋混凝土基础、砌筑砖基础、防潮层和回填土等分项工程。其中有些分项工程是由多工种组成的,如钢筋混凝土分项工程由模板、钢筋和混凝土三部分组成,这些分项工程仍有一定的综合性,由此组织的流水施工具有一定的控制作用。组织某些多工种组成的分项工程流水施工时,往往按专业工种划分成若干个由专业工种(专业班组)进行施工的施工过程,例如安装模板、绑扎钢筋、浇筑混凝土等,然后组织这些专业班组的流水施工。此时,施工活动的划分比较彻底,每个施工过程都具有相对的独立性(各工种不同),彼此之间又具有依附和制约性(施工顺序和施工工艺),这样组织的流水施工具有一定的实用意义。

参加流水的施工过程的多少对流水施工的组织影响很大,但将所有的分项工程组织参与流水施工是不可能的,也没有必要将所有分项工程都组织进去。每一个施工阶段总有几个对工程施工有直接影响的主导施工过程,首先应将这些主导施工过程确定下来,组织成流水施工,其他施工过程则可根据实际情况与主导施工过程合并。所谓主导施工过程,是指那些对工期有直接影响,能为后续施工过程提供工作面的施工过程,如混合结构主体施工阶段,砌墙和吊装楼板就是主导施工过程。在实际施工中,还应根据施工进度计划作用的不同,分部分项工程施工工艺的不同来确定主导施工过程。施工过程数目 n 的确定,主要的依据是工程的性质

和复杂程度、所采用的施工方案、对建设工期的要求等因素。为了合理组织流水施工,施工过程数目 n 要确定的适当,施工过程划分得过粗或过细,都达不到好的流水效果。

(二)确定施工层,划分施工段

为了合理组织流水施工,需要按建筑的空间情况和施工过程的工艺要求,确定施工层数量 r,以便于在平面上和空间上组织连续均衡的流水施工。划分施工层时,要求结合工程的具体情况,主要根据建筑物的高度和楼层来确定。例如,砌筑工程的施工高度一般为 1.2m,所以可按 1.2m 划分,而室内抹灰、木装饰、油漆和水电安装等,可按结构楼层划分施工层。合理划分施工段的原则详见本章第一节内容。需要注意的是,组织确定施工层的流水施工时,为了保证专业队伍不仅能在本层各施工段上连续作业,而且在转入下一个施工层的施工段上也能连续作业,则施工段数目 m 必须满足 $m \geq n$。若无层间关系或无施工层时可以不受此限制。

(三)确定施工过程的流水节拍

施工层和施工段确定后,就可以计算各施工过程在各个施工段上的流水节拍。流水节拍的大小可以反映出流水施工速度的快慢、节奏的强弱和资源消耗的多少,从而决定流水施工方式和工期的长短,必须进行科学、合理的计算和选择。若某些施工过程在不同的施工层上的工程量不尽相同,可按其工程量分层计算。

常用的流水节拍的计算方法有定额计算法、经验估计法和工期计算法。

(四)确定流水方式及专业队伍数

根据计算出的各个施工过程的流水节拍的特征、施工工期要求和资源供应条件,确定流水施工的组织方式,究竟是固定节拍流水施工或成倍节拍流水施工,还是分别流水施工。根据确定的流水施工组织方式,得出各个施工过程的专业施工队伍数。

(五)确定流水步距

流水步距可根据流水形式来确定。流水步距的大小对工期影响也较大,在可能的情况下组织搭接施工也是缩短流水步距的一种方法。在某些流水施工过程中(不等节拍流水)增大那些流水节拍较小的一般施工过程的流水节拍,或将次要施工组织成间断施工,反而能缩短流水步距,有时还能使施工更合理。

(六)组织流水施工、计算工期

按照不同的流水施工组织方式的特点及相关时间参数计算流水施工的工期。根据流水施工原理和各施工段及施工工艺间的关系组织形成整个工程完整的流水施工,并绘制出流水施工进度的计划表。在实际工程中,应注意在某些主导施工过程中穿插和配合的施工过程也要实时、合理地编入施工进度计划表中(例如主体结构流水施工中的搭脚手架等施工过程)。

二、流水施工的合理组织方法

为了合理地组织好流水施工,还要结合具体工程的特点,进行调整和优化,这可能会对上述程序进行重复操作,从而组织最为合理的流水施工计划。

（一）合并相邻的施工过程，扩大细部流水的组合

在实际施工中，经常遇到某些施工过程工程量相当小，不必安排很多人，也不必很多时间就能完成的作业。当这类施工过程与其他工程量大的施工过程一起组织流水作业时，会造成顾此失彼、无法协调的情况，出现工作班内窝工现象。为了避免这种情况，在组织流水施工时，应适当地扩大专业工作队的作业内容，将技术要求不高、工程量小的施工过程并入相邻的施工过程。如基础防潮层抹灰、砖基础中的地梁等施工过程，均可合并到砖基础施工过程中。这种合并使相邻的施工过程之间流水节拍差距减少，为组织固定节拍流水和成倍节拍流水创造条件，从而达到缩短工期的效果。

例如，在某工程施工时，有 A、B、C、D 四个施工过程。根据劳动力的需要和可能，安排了如图 3-16 所示的流水施工进度计划，但工艺要求施工过程 A、B 之间间断时间不能过长。为此，必须改变组织方法，如图 3-17 所示，将施工过程 B 的内容并入施工过程 C，通过专业工作队的人员组合的调整，使施工过程 C 的专业工作队增加施工过程 B 的作业内容，此时它与相邻的 A、D 的流水节拍值都减小了，与 A 的流水步距也减小了，符合工艺要求。

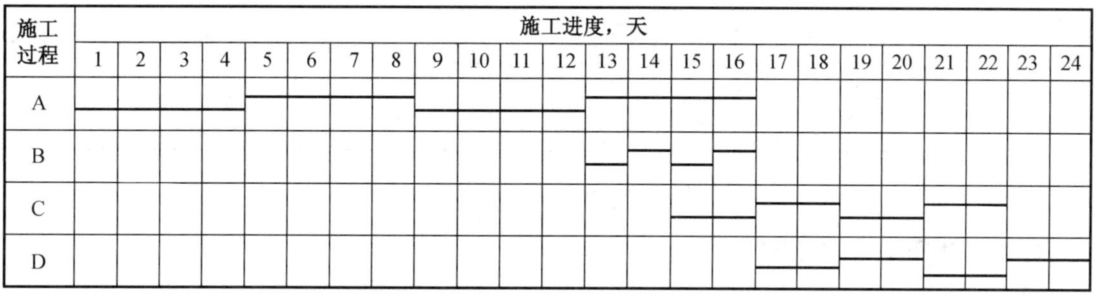

施工过程	施工进度，天																							
	1	2	3	4	5	6	7	8	9	10	11	12	13	14	15	16	17	18	19	20	21	22	23	24
A																								
B																								
C																								
D																								

图 3-16　某工程流水施工进度计划图

施工过程	施工进度，天																				
	1	2	3	4	5	6	7	8	9	10	11	12	13	14	15	16	17	18	19	20	21
A																					
B																					
C																					

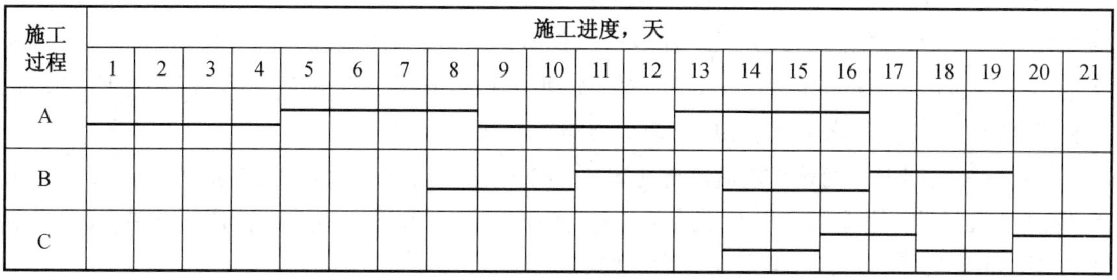

图 3-17　调整后的某工程流水施工进度计划图

可以看出，合并施工过程，实质上是相邻施工过程间流速的调整与平衡。因此，合理地扩大施工过程的组合是缩短工期的有效途径之一。

这种合并可以通过技术培训而使操作工人达到一专多能，或者通过调整班组的人员组合而使班组能完成多工种专业操作来实现。

（二）在工程流水范围之外设置平衡区

设置流水施工的平衡区，就是在进行流水施工的施工对象范围之外，同时开工某个小型工程或设置制备场地，使流水施工中一些穿插的施工过程和劳动量很小的施工过程在不能进行

流水施工的间断时间里,或将因某种原因,不能按计划连续地进入下一施工段的专业工作队,进入该平衡区段,从事本专业工作队的有关制备工作或同类工程的施工工作。例如,砖混结构主体施工中支模板和绑扎钢筋所需的劳动量与砌筑工程所需的劳动量相比都很悬殊,在完成一个施工段或一个施工层的任务后,必然出现作业中断现象,有计划地安排其进入平衡区段进行模板清理、钢筋的加工制备或钢筋混凝土工程的施工等工作,可以使其不产生窝工现象,并充分发挥专业特长。这些专业工作队的施工作业表现在流水计划上是间断的,但因为有平衡区段的工作,它的实际施工持续时间是连续的。

例如,例 3-7 中,不仅可以用图 3-14 所示的异节拍流水进度计划表组织流水施工,还可以用图 3-18 所示的方法组织该异节拍流水施工。应特别注意的是,这种间断必须是合理的,也就是说,出现的施工过程在施工工艺等方面是合理的。

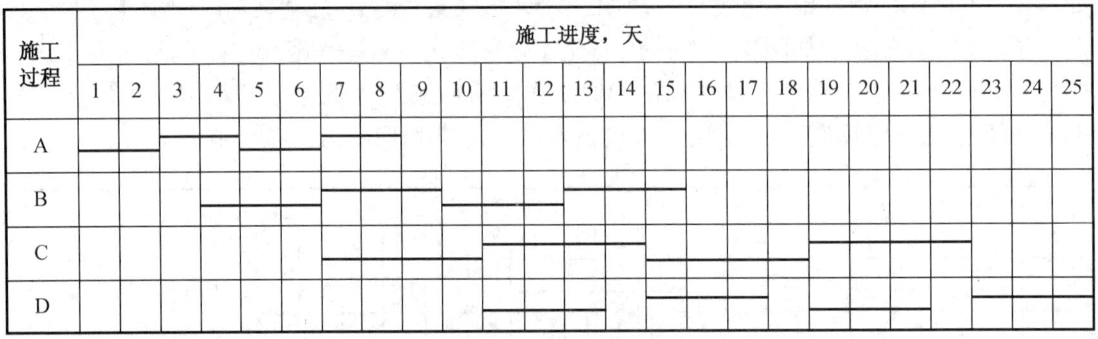

施工过程	施工进度,天																								
	1	2	3	4	5	6	7	8	9	10	11	12	13	14	15	16	17	18	19	20	21	22	23	24	25
A																									
B																									
C																									
D																									

图 3-18　流水施工进度计划图

(三)增加工人数以平衡流速

由于各施工过程复杂程度不同,所以各自的施工速度很难统一,有快有慢。为了缩短单位工程总工期,可以采用平衡其中某些分部(分项)工程的流水施工速度的方法。如在成倍节拍流水中,根据流水节拍的倍数关系增加专业工作队的数量,一些流水节拍较长的施工过程的流水速度就会加快,工期明显缩短。另外,对于流水节拍较长的施工过程,还可以通过增加专业工作队的班次,使其流水速度加快,工期也会缩短。

例如,图 3-19 是按异节拍流水施工方式组织的某分部工程流水,其工期为 20 天,为缩短工期,增加工作队,使施工过程 B 的专业工作增加为三个,采用成倍节拍流水施工组织方式组织施工(如图 3-20 所示),工期缩短为 10 天。

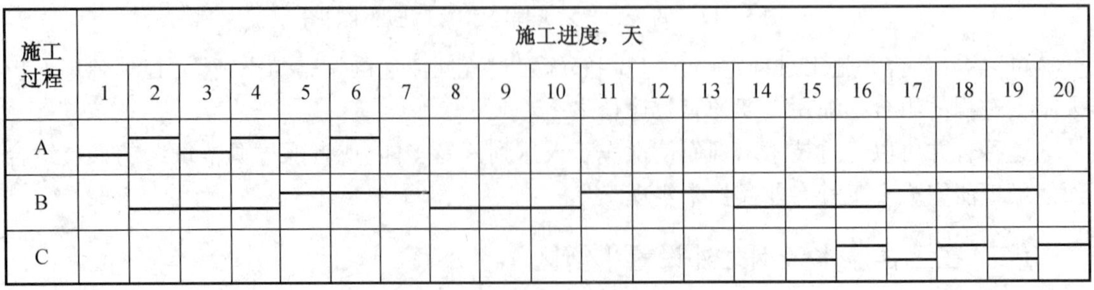

施工过程	施工进度,天																			
	1	2	3	4	5	6	7	8	9	10	11	12	13	14	15	16	17	18	19	20
A																				
B																				
C																				

图 3-19　某工程流水施工进度计划表图

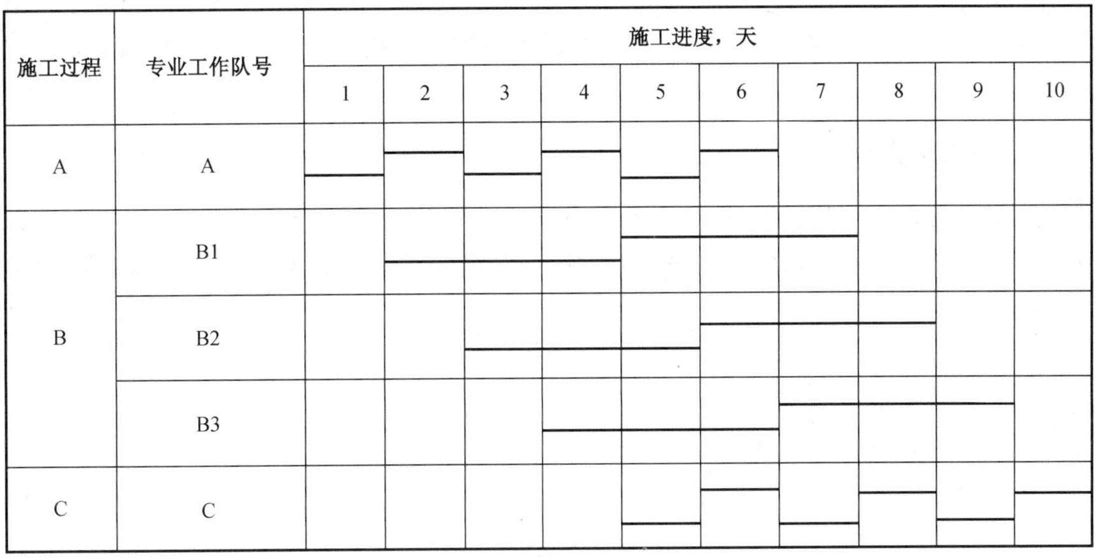

施工过程
专业工作队号
施工进度，天
1
2
3
4
5
6
7
8
9
10
A
A
B
B1
B2
B3
C
C

图 3－20　增加工作队后的成倍节拍流水施工进度计划图

也可采用增加班次的方法来平衡流水速度，使施工过程 B 的工作班次增加为三班，如图 3－21所示，工期缩短为 8 天。增加工作班次，实际上是增加了班组人数，从而缩短了工期。

施工过程
施工进度，天
1
2
3
4
5
6
7
8
A
B
C
第一班
第二班
第三班

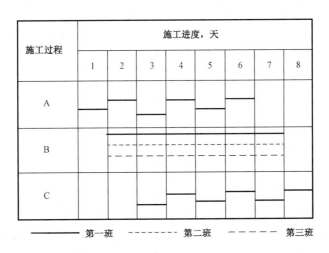

图 3－21　增加工作班次后的流水施工进度计划

当然，不是所有施工过程的流水速度都可以调整、平衡，这需要结合各个施工过程的特点以及相邻施工过程间的工艺技术搭接要求。

三、组织流水施工实例

(一) 工程概况及施工条件

某三层工业厂房，其主体结构为现浇钢筋混凝土框架，框架全部由 6m×6m 的单元构成。其横向为 3 个单元，纵向为 21 个单元，划分为 3 个温度区段。其施工工期为 63 个工作日，施工时平均气温15℃。劳动力方面;木工不得超过20人,混凝土与钢筋工可以根据计划要求配备。机械设备方面,J1 - 400混凝土搅拌机2台,混凝土震捣器、卷扬机可以根据计划要求配备。

(二)施工方案

模板采用定型钢模板,常规支模方法,混凝土为半干硬性,坍落度为1~3cm,采用J1 - 400混凝土搅拌机搅拌,振捣器捣固,双轮车运输;垂直运输采用钢管井架。楼梯部分与框架配合,同时施工。

(三)流水施工组织

1. 计算工程量与劳动量

本工程每层、每个温度区段的模板、钢筋、混凝土的工程量根据施工图计算;采用定额由劳动定额手册及本工地工人实际生产率确定,劳动量由确定的时间定额和计算的工程量进行计算,见表3 - 5。

表3 - 5　某厂钢筋混凝土框架工程量与劳动量

结构部位	分项工程名称		单位	时间定额工日/产品单位	每层、每个温度区段的工程量			每层、每个温度区段的劳动量		
					一层	二层	三层	一层	二层	三层
框架	支模板	柱	m²	0.0833	332	311	311	27.7	25.9	25.9
		梁	m²	0.08	698	698	720	55.8	55.8	57.6
		板	m²	0.04	554	554	528	22.2	22.2	21.1
	绑扎钢筋	柱	t	2.38	10.9	10.3	10.3	26.0	24.6	24.6
		梁	t	2.86	9.8	9.8	10.1	28.0	28.0	28.9
		板	t	4	6.4	6.4	6.73	25.6	25.6	26.9
	浇筑混凝土	柱	m³	1.47	46.1	43.1	43.1	67.8	63.4	63.4
		梁板	m³	0.78	156.9	156.9	156.9	122.4	122.4	122.4
楼梯	支模板		m²	0.16	34.8	34.8		5.6	5.6	
	绑扎钢筋		t	5.56	0.45	0.45		2.5	2.5	
	浇筑混凝土		m³	2.21	6.6	6.6		14.6	14.6	

2. 划分施工过程

本工程框架部分采用以下施工顺序:绑扎柱钢筋→支柱模板→支主梁模板→支次梁模板→支板模板→绑扎梁钢筋→绑扎板钢筋→浇柱混凝土→浇梁、板混凝土。

根据施工顺序和劳动组织,按专业工作队的组织进行合并,划分为以下四个施工过程:

(1)绑扎柱钢筋。

(2)支模板。

(3)绑扎梁、板钢筋。

(4)浇筑混凝土。

各施工过程中均包括楼梯间部分。

(四)划分施工段及确定流水节拍

由于本工程的三个温度区段大小一致,各层构造基本相同,各施工过程工程量相差均小于15%,所以首先考虑组织等节奏流水施工。

每层每个温度区段每一施工过程的劳动量见表3-6。

表3-6　每层每个温度区段每一施工过程需要的劳动量

施工过程	每一温度区段需要劳动量,工日			附注
	一层	二层	三层	
绑扎柱钢筋	13	12.3	12.3	
支模板	55.7	54.8	52.3	包括楼梯
绑扎梁、板钢筋	28.1	28.1	27.9	包括楼梯
浇筑混凝土	102.4	100.3	93	包括楼梯

1. 划分施工段

考虑到有利于结构的整体性,利用温度缝作为分界线,最理想的情况是每层划分为3段,但是,为了保证各工人队组在各层连续施工,按全等节拍组织流水作业,每层最少段数应按式(3-11)进行计算,有

$$m = n + \frac{Z + C - \sum t_d}{K}$$

上式中,$n = 4$；$K = t$；$C = 1.5$天(根据气温条件,混凝土强度达到初凝强度需要36小时);$Z = 0$；$\sum t_d = 0$。代入上式中,得

$$m = 4 + \frac{1.5}{t}$$

所以,每层如果划分为3个施工段,则不能保证工作队连续作业。根据该工程的结构特征,将每个温度区段划分为两段,每层划分为6个施工段。确定的施工段数大于计算所需的段数,各工作队可以连续工作,各施工层增加了间歇时间,这样是可取的。

2. 确定流水节拍

根据要求,按等节奏流水工期计算公式,粗略地估算流水节拍。按式(3-13)计算,有

$$T = (A \cdot m \cdot r + n - 1)t + \sum t_g + \sum t_z - \sum t_d$$

因 $K = t$，$\sum t_g = 0$，$\sum t_z = 0$，$\sum t_d = 0.33$天(只考虑绑扎柱钢筋和支模板之间可以搭接施工,取搭接时间为0.33天),$T = 63$天,有

$$t = \frac{T}{n + rm - 1} = \frac{63}{4 + 3 \times 6 - 1 - 0.33} = 3.05(天)$$

所以流水节拍可选用3天。

3. 确定各施工过程所需工人数

假设每天工作采用一班制,计算施工人数。

从表3-17可看出,浇筑混凝土和支模板两个施工过程用工最大,应着重考虑。

1)确定浇筑混凝土的流水节拍和工作队人数

根据表3-17中工程量的数据,浇筑混凝土量最多的施工段的工程量为

$$(46.1 + 156.2 + 6.6) \div 2 = 104.5(m^3)$$

而每台混凝土搅拌机搅拌半干硬性混凝土的生产率为36m³/台班,故需要台班数为

$$104.5 \div 36 = 2.9(台班)$$

选用一台混凝土搅拌机,流水节拍采用3天。

所需工人人数:根据表3-7中浇筑混凝土需要劳动量最大的施工段的劳动量为102.4工日,则每天工人人数为

$$102.4 \div 3 = 34.1(人)$$

根据劳动定额知现浇混凝土采用机械搅拌、机械捣固的方式,混凝土工中包括原材料及混凝土运输工人在内,小组人数一般为20人左右。

本方案混凝土工作队取34人,分2个小组,可以满足要求。

2)确定支模板的流水节拍和工作队人数

由表3-18中支模板的劳动量计算木工人数,流水节拍仍取3天(框架结构支模板包括柱、梁、板模板,根据经验一般需要2~3天),则支模板的人数为

$$55.7 \div 3 = 18.6(人)$$

由劳动定额知,支模板工作要求工人小组一般为5~6人。本方案木工工作队取18人,分3个小组进行施工。满足规定的木工人数条件。

3)确定绑扎钢筋的流水节拍和工作队人数

绑扎梁板钢筋的钢筋工人数,由表3-7中劳动量计算,流水节拍也取3天。则人数为

$$28.1 \div 3 = 9.4(人)$$

由劳动定额知,绑扎梁板钢筋工作要求工人小组一般为3~4人。本方案钢筋工工作队9人,分3个小组进行施工。

绑扎柱钢筋的钢筋工人数,由表3-18知绑扎柱钢筋劳动量为13个工日,由劳动定额知,绑扎柱钢筋工作要求工人小组至少需要5人。则流水节拍为

$$13 \div 5 = 2.6(天)$$

仍取3天。

4. 绘制流水施工进度图

如图3-22所示,所需工期为

$$T = (3 \times 6 + 4 - 1) \times 3 + 0 - 1 = 62(天)$$

层次	施工过程	工程量		时间定额	劳动量工日	流水节拍天	工人数	施工进度，天																		
		单位	数量					3	6	9	12	15	18	21	24	27	30	33	36	39	42	45	48	51	54	57	60	63
第一层	扎柱钢筋	t	32.7	2.38	78	3	5																					
	支模板	m²	4856.4	0.0685	334.2	3	18																					
	扎梁板钢筋	t	49.95	3.38	168.6	3	9																					
	浇混凝土	m²	627.7	0.97	614.4	3	34																					
第二层	扎柱钢筋	t	30.9	2.38	73.8	3	5																					
	支模板	m²	4793.4	0.0685	328.8	3	18																					
	扎梁板钢筋	t	49.95	3.38	168.6	3	9																					
	浇混凝土	m²	617.7	0.97	601.8	3	34																					
第三层	扎柱钢筋	t	30.9	2.38	73.8	3	5																					
	支模板	m²	46.77	0.0664	313.8	3	18																					
	扎梁板钢筋	t	50.49	3.38	167.4	3	9																					
	浇混凝土	m²	597.9	0.93	558	3	34																					

图3-22　流水施工进度图

复习思考题

1. 组织施工的方式有哪几种？各有什么特点？

2. 什么是流水施工？其表达方式有哪几种？

3. 流水施工的参数有哪些？请解释其含义。

4. 简述施工段的概念,划分目的和原则。

5. 简述流水节拍、流水步距的概念和确定方法。

6. 按节奏特征不同,流水施工可分为哪几种方式？各有什么特点？

7. 简述组织流水施工的步骤。

8. 某分部工程由三个分项工程组成,施工中划分为 4 个施工段,流水节拍均为 3 天,无间歇时间,试确定流水步距、计算工期,并绘制流水施工进度表。

9. 某项目由 4 个施工过程组成,分 4 个施工段组织流水施工,流水节拍分别为 $t_A = 4$，$t_B = 8$，$t_C = 4$，$t_D = 8$，试组织工期最短的流水施工方案,并绘制流水施工进度表。

10. 试组织某分部工程的流水施工、划分施工段、绘制进度图表并确定工期。已知三大施工过程的流水节拍分别为: $t_1 = t_2 = t_3 = 3$ 天(A) ; $t_1 = 2$ 天，$t_2 = 4$ 天，$t_3 = 2$ 天（B） ; $t_1 = 2$ 天，$t_2 = 3$ 天，$t_3 = 5$ 天(C) 。

11. 试绘制某二层现浇混凝土楼盖的流水施工进度表。已知框架平面尺寸为 18m × 144m,沿长度方向每隔 48m 设一道伸缩缝,各施工过程的流水节拍为支模板 4 天、扎钢筋 2 天、浇注混凝土 2 天、层间技术间歇 2 天。

第四章　网　络　计　划

【学习指导】

　　本章介绍了网络计划的原理和方法,重点介绍了双代号网络计划的绘制及时间参数的计算,时标网络计划的绘制及时间参数的计算;网络计划的优化调整等内容。通过本章的学习,学生应了解网络计划的种类及优缺点,重点掌握双代号网络计划的绘制和时间参数的计算、时标网络计划的绘制及时间参数的计算。能运用网络图描述施工进度计划,并掌握网络计划在建筑工程中的综合运用。

　　建设工程项目因其工序繁多呈现出组织与管理过程中的复杂性,如何清晰明了地表达各工序之间的关系,编制合理的施工进度计划,既便于进度目标在计划阶段的制定,也便于其在实施阶段的控制和调整。网络计划技术正是这样一种编制和调整进度计划的有效工具,在建设工程项目施工组织方面起着重要的作用。

第一节　网络计划概述

　　网络计划即网络计划技术(network planning technology)是用箭线和节点组成的有向网状图形(网络图)来表示一个项目中各工序的相互关系及其时间参数的工作计划,用于工程项目的计划与控制的一项管理技术。

　　网络计划技术是 20 世纪 50 年代末发展起来的,依其起源有关键路径法(CPM)与计划评审法(PERT)之分。CPM 主要应用于以往在类似工程中已取得一定经验的承包工程,PERT 更多地应用于研究与开发项目。

一、网络计划技术的发展与分类

(一)关键线路法(CPM 法)的发展

　　20 世纪初,亨利・L. 甘特创造了"横道图法",当时人们都习惯于用横道图表示工程项目进度计划。1956 年,为了适应对复杂系统进行管理的需要,美国杜邦・耐莫斯公司的摩根・沃克与莱明顿公司的詹姆斯・E. 凯利合作,利用公司的 Univac 计算机,开发了面向计算机描述工程项目的合理安排进度计划的方法,即 critical path method,后来被称作关键线路法(简称 CPM);在 1958 年初,将该方法用于一所价值一千万美元的新化工厂的建设,经过与传统的横道图对比,结果使工期缩短了 4 个月。后来,此法又被用于设备维修,使后来因设备维修需要停产 125 小时的工程缩短 78 小时。仅一年就节约了近 100 万美元。从此,网络计划技术的关键线路法得以广泛应用。

　　关键线路法用网络图表示各项工作之间的相互关系,并通过数学方法在一定约束条件(工期、成本、资源)下获得最佳计划安排,找出控制工期的关键线路,以便达到缩短工期、提高工效、降低成本的目的。对计划内每项具体工作的持续时间,此法只估算一个确定的时间值,亦即采用单一时间估计法;且多用于建筑施工和大修工程的计划安排。

关键线路法的特点是:网络图中每项工作的持续时间是肯定型的,因此需要比较确切地估计出完成各项工作所需的时间;各项工作之间的衔接和联系是明确而完整的,即各项工作之间的逻辑关系是明确和肯定的;不必直接应用数理统计和概率方法。

应用关键线路法编制施工网络计划的主要步骤为:

(1)确定进度计划中各个工作名称和内容。

(2)明确各个工作的施工顺序和它们之间的逻辑关系。

(3)确定施工起点流向、划分施工段,选择施工方案。

(4)计算工程量、劳动量或机械台班数量,确定各个工作所需持续时间。

(5)按网络图绘制原则、有关要求和规定,绘制整个工程的网络图。

(6)计算网络图的时间参数并确定关键线路。

(7)对工程网络计划进行优化,以满足相应约束条件要求。

(二)网络计划评审技术(PERT法)的发展

1958年,美国海军特种计划局研制北极星导弹核潜艇,因北极星计划规模庞大,组织管理复杂,整个工程由8家总承包公司,250家分包公司,3000家三包公司,9000多家厂商承担。该项目采用网络计划评审技术(program evaluation and review technique,PERT),使原定6年的研制时间缩短为4年。

1960年后,美国又采用了PERT技术,组织了阿波罗载人登月计划,该计划运用了一个7000人的中心试验室,将120所大学,2万多个企业,42万人组织在一起,耗资400亿美元。1969年,人类的足迹第一次登上了月球,PERT法声誉大振。随后网络技术风靡全球。

计划评审技术与关键线路法在编制步骤、绘图技巧和各种时间参数的计算等方面都非常相似,这两种管理方法的主要区别在于:对计划内各项具体工作持续时间的确定,关键线路法为肯定型的;而计划评审技术为非肯定型的,也就是时间参数具有随机性。每项工作的持续时间不是一个唯一的、肯定的数值,而是要采用三种时间估计法,分别估定乐观、悲观和最可能三种时间,然后算出一个加权平均期望值来代替几种估计值,并计算按期完工的概率。这样,才可以参照关键线路法计算各时间参数。计划评审技术并不认为计划进度能做到准确无误,而是在承认存在误差的条件下,用概率论和数理统计方法对计划进度能否按时完成,或完成的可能性有多大进行分析和评价,通过将概率和网络计划联系起来,找出完成计划的可能性及其规律。计划评审技术多用于科研、实验,还有不确定性较大的工程计划安排。

(三)其他网络计划技术的发展

为了适应各种计划管理的需要,以CPM方法为基础,研制出了其他一些网络计划法,如图形评审技术(graphical evaluation and review technique,GERT)、决策网络计划法(decision network,DN)、风险评审技术(venture evaluation and review technique,VERT)等。从此,网络计划技术被许多国家认为是当前最为行之有效的、先进的、科学的管理方法。

图形评审技术于1966年首先提出,又称为决策网络技术或图示评审技术,是可以对逻辑关系进行条件和概率处理(例如说可能不执行某些活动)的一种网络分析技术。

图形评审技术与CPM相比,允许在网络逻辑和工作延续时间方面存在一定的概率陈述,即除了工作延续时间的不确定性外,还允许工作存在概率分支。比如说,某些工作可能完全不被执行,某些工作可能仅执行其一部分,而另一些工作可能被重复执行多次。GERT 多使用计算机仿真技术来模拟项目的执行情况。

我国是从 20 世纪 60 年代开始运用网络计划的,著名数学家华罗庚教授结合我国实际,在吸收国外网络计划技术理论的基础上,将 CPM、PERT 等方法统一定名为统筹法。网络计划技术在我国已广泛应用于国民经济各个领域的计划管理中。

(四)网络计划技术的分类

1. 按工作持续时间特点划分

(1)肯定型网络计划(deterministic network):工作、工作之间的逻辑关系以及工作持续时间都肯定的网络计划称为肯定型网络计划,如关键线路法网络计划。

(2)非肯定型网络计划(undeterministic network):工作、工作之间的逻辑关系和工作持续时间三者中任一项或多项不肯定的网络计划称为非肯定型网络计划。非肯定型网络计划包括计划评审技术、图形评审技术、决策网络计划法和风险评审技术。

2. 按工作和事件在网络图中的表示方法划分

(1)事件网络:以节点表示事件的网络计划(单代号网络计划)。
(2)工作网络:以箭线表示事件的网络计划(双代号网络计划)。

二、网络图的特点(与横道图相比)及网络图的分类

流水施工组织方式是用横道图的方式来表达的,而网络计划技术是用箭线和节点组成的有向网状图形(网络图)来表示的,在进行工程项目管理的过程中,两种不同的方式各有其优缺点。

(一)横道图的优缺点

横道图是由一系列的横线条结合时间坐标来表示各项工作起始点和先后顺序的计划图,也称甘特图,是美国人甘特(Henry L. Ganntt)在第一次世界大战前研究的,第一次世界大战以后被广泛应用,如图 4-1 所示为某建筑工程流水施工横道计划图。横道图具有以下优缺点。

1. 横道图的优点

(1)绘图比较简单,表达形象直观、明了,便于统计资源需要量。
(2)流水作业排列整齐有序、表达清楚。
(3)结合时间坐标,各项工作的起止时间、作业时间、工作进度、总工期都能一目了然。

2. 横道图的缺点

(1)不能反映出各项工作之间错综复杂、相互联系、相互制约的生产和协作关系。
(2)不能明确指出哪些是工作是关键的,哪些工作不是关键的,也就是不能明确反映关键线路,看不出可以机动灵活使用的时间,因此也就抓不住工作的重点,看不到潜力所在,无法进行最合理的施工安排和生产指挥,不知道如何去缩短工期,降低成本以及调整劳动力。
(3)不能应用微机计算各时间参数,更不能对计划进行科学的调整与优化。

(二)网络图的优缺点

网络图与横道图相比,具有以下优缺点。

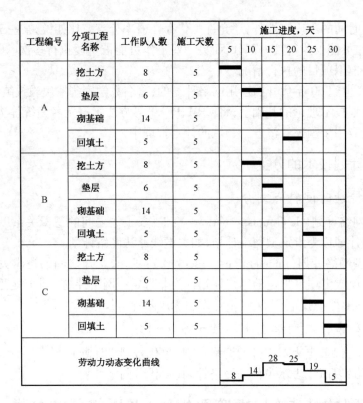

图 4 - 1　流水施工横道图

1. 网络图的优点

(1)能全面而明确地反映出各项工作之间的相互依赖、相互制约的关系。

(2)网络图可以通过时间参数的计算,能够确定工作的开始时间和结束时间,并能找出对全局有影响力的关键工作和关键线路,便于在施工中集中力量抓住主要矛盾,确保竣工工期,避免盲目抢工。

(3)能够利用计算得出的某些工作的机动时间,更好地利用和调配人力、物力资源,以达到降低成本的目的。

(4)可以利用计算机对复杂的网络计划进行优化与调整,实现计划管理的科学化。

(5)在计划实施的过程中能进行有效地控制和调整,达到以最小的消耗取得最大的经济效果。

2. 网络图的缺点

(1)不能清楚在网络计划上反应流水作业的情况。

(2)绘图比较麻烦,表达不很直观。

(3)不易看懂,不易显示资源平衡情况等。

(三)网络图的分类

常用的网络图可按一道工序的表示方法不同分为双代号网络图和单代号网络图。

(1)双代号网络图:以箭线表示工作、以节点表示工作的开始、结束状态以及工作之间的连接点,用工作两端节点的编号(双代号)代表一项工作的网络图,如图 4 - 3 所示。

(2)单代号网络图:以节点及其编号表示工作(单代号),以箭线表示工作之间的逻辑关系的网络图,如图 4 - 2 所示。

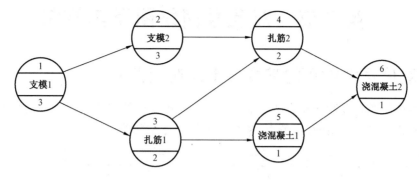

图 4-2　单代号网络图一例

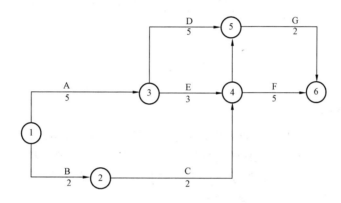

图 4-3　双代号网络图一例

网络图还可按有无时间坐标分为无时标网络图和有时标网络图。

（1）无时标网络图：不带有时标刻度,箭线的长短不代表工作时间的网络图,如图4-2、图4-3所示。

（2）有时标网络图：带有时标刻度,工作实箭线的长短对应工作持续时间的网络图,如图4-4所示。

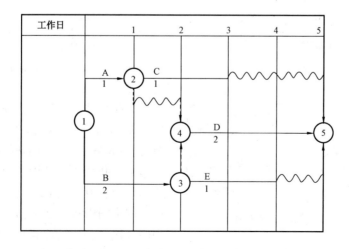

图 4-4　双代号时标网络计划图

第二节　双代号网络图及其绘制

一、双代号网络图的基本要素及逻辑关系

双代号网络图是以箭线及其两端节点的编号表示工作的网络图,如图4-5所示。从图中可以看出双代号网络图由箭线、节点、线路三个基本要素组成。

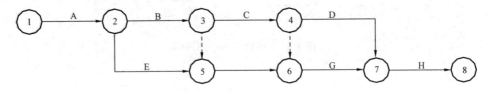

图4-5　双代号网络图举例

(一)基本要素

1. 箭线(工作)

(1)在双代号网络图中,每一条箭线表示一项工作。箭线的箭尾节点表示该工作的开始,箭头节点表示该工作的结束。工作的名称标注在箭线的上方,完成该项工作所需要的持续时间标注在箭线的下方,如图4-6所示。由于一项工作需用一条箭线和其箭尾和箭头处两个圆圈中的号码来表示,故称为双代号表示法。

(2)在双代号网络图中,任意一条实箭线都要占用时间、消耗资源(有时只占时间而不消耗资源,如混凝土的养护)。在建筑工程中,一条箭线表示项目中的一个施工过程,它可以是一道工序、一个分项工程、一个分部工程或一个单位工程,其粗细程度、大小范围的划分根据计划任务的需要来确定。

(3)在双代号网络图中,为了正确地表达图中工作之间的逻辑关系,往往要应用虚箭线,其表示方法如图4-7所示。

图4-6　双代号表示方法　　　　　　　　　　图4-7　虚箭线表示方法

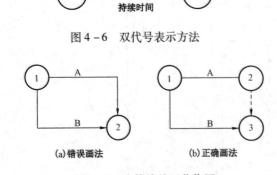

(a)错误画法　　　(b)正确画法

图4-8　虚箭线的区分作用

虚箭线是实际工作中并不存在的一项虚拟工作,故它们既不占用时间,也不消耗资源,一般起着工作之间的联系、区分和断路三个作用。联系作用是指应用虚箭线正确表达工作之间相互依存的关系;区分作用是指双代号网络图中每一项工作都必须用一条箭线和两个代号表示,若两项工作的代号相同时,应使用虚工作加以区分,如图4-8所示;断路作用是用虚箭线断掉多余联系(即在网络图中把无联系的工作连接上了时,应加上虚工作将其断开)。

（4）在无时间坐标限制的网络图中，箭线的长度原则上可以任意画，其占用的时间以下方标注的时间参数为准。箭线可以为直线、折线或斜线，但其行进方向均应从左向右（如图4-9所示）。在有时间坐标限制的网络图中，箭线的长度必须根据完成该工作所需持续时间的大小按比例绘制。

图4-9　箭线的表达形式

（5）在双代号网络图中，各项工作之间的关系如图4-6至图4-7所示。通常将被研究的对象称为本工作，用 $i—j$ 工作表示，紧排在本工作之前的工作称为紧前工作，紧排在本工作之后的工作称为紧后工作，与之平行进行的工作称为平行工作。

2. 节点（又称结点、事件）

节点是网络图中箭线之间的连接点。在双代号网络图中，节点既不占用时间、也不消耗资源，是个瞬时值，即它只表示工作的开始或结束的瞬间，起着承上启下的衔接作用。网络图中有三种类型的节点，即起点节点、终点节点和中间节点。

（1）起点节点：网络图的第一个节点称为"起点节点"，它只有外向箭线，一般表示一项任务或一个项目的开始，如图4-10所示。

（2）终点节点：网络图的最后一个节点称为"终点节点"，它只有内向箭线，一般表示一项任务或一个项目的完成，如图4-11所示。

（3）中间节点：网络图中既有内向箭线，又有外向箭线的节点称为中间节点，如图4-12所示。

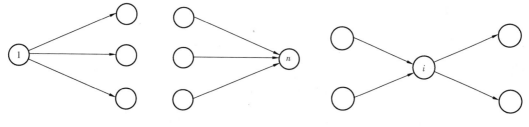

图4-10　起点节点示意图　　　图4-11　终点节点示意图　　　图4-12　中间节点示意图

（4）在双代号网络图中，节点应用圆圈表示，并在圆圈内编号。一项工作应当只有唯一的一条箭线和相应的一对节点，且要求箭尾节点的编号小于其箭头节点的编号。例如在图4-13中，应有：$i < j < k$。网络图节点的编号顺序应从小到大，可不连续，但不允许重复。

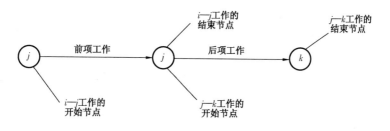

图4-13　箭尾节点和箭头节点

3. 线路

网络图中从起点节点开始,沿箭头方向顺序通过一系列箭线与节点,最后达到终点节点的通路称为线路。线路上各项工作持续时间的总和称为该线路的计算工期。一般网络图有多条线路,可依次用该线路上的节点代号来记述,例如网络图 4-5 中的线路有:①—②—③—④—⑦—⑧,①—②—⑤—⑥—⑦—⑧等,其中历时最长的线路被称为关键线路,位于关键线路上的工作称为关键工作。

(二)逻辑关系

网络图中工作之间相互制约或相互依赖的关系称为逻辑关系,它包括工艺关系和组织关系,在网络中均应表现为工作之间的先后顺序。

1. 工艺关系

生产性工作之间由工艺过程决定的、非生产性工作之间由工作程序决定的先后顺序称为工艺关系。

2. 组织关系

工作之间由于组织安排需要或资源(人力、材料、机械设备和资金等)调配需要而规定的先后顺序关系叫组织关系。

网络图必须正确地表达整个工程或任务的工艺流程和各工作开展的先后顺序,并正确表达它们之间相互依赖、相互制约的逻辑关系,因此绘制网络图时必须遵循一定的基本规则和要求。

二、双代号网络图的表达

(一)逻辑关系

双代号网络图中,各工作之间存在多种逻辑关系,绘制双代号网络图时,必须正确反映各工作之间的逻辑关系,工作之间的各种逻辑关系举例如表 4-1 所示。

表 4-1　网络图的逻辑关系

序号	工作之间的逻辑关系	网络图的表示方法
1	工作 A、B、C 依次完成	
2	工作 B、C 在工作 A 完成之后同时开始	
3	工作 C、D 在工作 A、B 完成之后同时开始	

序号	工作之间的逻辑关系	网络图的表示方法
4	工作 C 在工作 A、B 完成之后开始，工作 D 在工作 B 完成之后开始	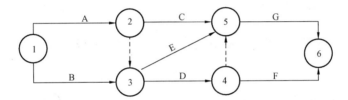
5	工作 A 完成后，工作 C、D 同时开始，工作 B 完成后，工作 E、D 同时开始	

（二）起点节点和终点节点

双代号网络图中应只有一个起点节点和一个终点节点（多目标网络计划除外）；而其他所有节点均应是中间节点，如图 4－14 所示。

图 4－14　一个起点节点、一个终点节点的网络图

（三）某节点有多工作外向（或内向）时用母线法表示

当双代号网络图的某些节点有多条外向箭线或多条内向箭线时，为使图形简洁，可使用母线法绘制（但应满足一项工作用一条箭线和相应的一对节点表示），如图 4－15 所示。

（四）箭线交叉时，用过桥法或指向法表示

绘制网络图时，箭线不宜交叉；当交叉不可避免时，可用过桥法或指向法。如图 4－16 所示。

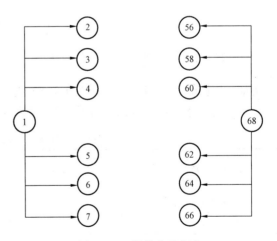

图 4－15　母线表示方法

（五）双代号网络图中，易出现的错误表达方法

（1）出现循环回路。所谓循环回路是指从网络图中的某一个节点出发，顺着箭线方向又回到了原来出发点的线路，如图 4－17 所示。

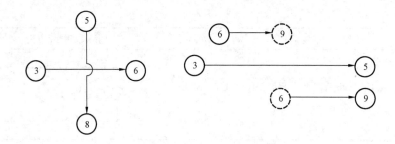

图 4 - 16　箭线交叉的表示方法

(2)在节点之间出现带双向箭头或无箭头的连线。其错误情况如图 4 - 18 所示。

图 4 - 17　循环线路示意图　　　　　　图 4 - 18　箭线的错误画法

(3)出现没有箭头节点或没有箭尾节点的箭线。如图 4 - 19 所示。

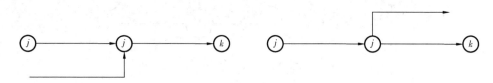

图 4 - 19　没有箭头节点和箭尾节点的箭线

(六)流水施工用双代号网络图表示时的逻辑错误

例如,某建筑基础工程分为 A(挖土)、B(垫层)、C(基础)、D(回填土)四个施工过程,每一施工过程有三个施工段,其施工持续时间见表 4 - 2。

表 4 - 2　某建筑工程工序及持续时间表

施工过程名称	持续时间,天		
	I	II	III
A(挖土)	4	3	4
B(垫层)	3	2	3
C(基础)	4	3	4
D(回填土)	3	2	3

将上述各施工过程间的逻辑关系,用双代号网络图来表示时,很容易发生如图 4 - 20 所示的逻辑错误。

图 4 - 20 中 C_1、C_2、D_1、D_2 的紧前工作均存在的逻辑错误,见表 4 - 3,其解决办法是用虚工作切断不合理的联系,如图 4 - 21 所示。

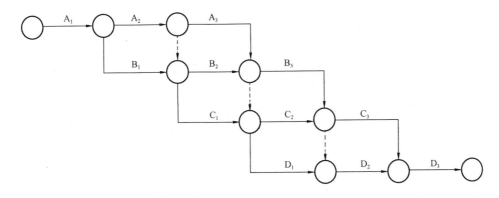

图 4 - 20 错误的逻辑关系

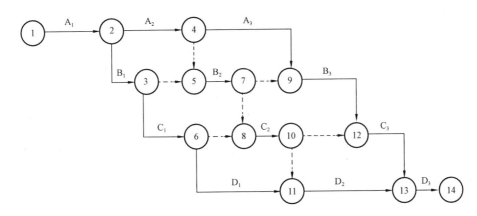

图 4 - 21 正确的逻辑关系

表 4 - 3 图 4 - 20 中的逻辑错误分析表

工作	C_1	C_2	D_1	D_2
图中的紧前工作	B_1、A_1	C_1、B_2	C_1	D_1、C_2、B_3
正确的紧前工作	B_1	C_1、B_2、A_3	C_1、B_2、A_3	D_1、C_2

三、双代号网络图的绘制步骤

双代号网络图的绘制步骤见表 4 - 4。

表 4 - 4 双代号网络图绘制步骤

步骤一、绘制没有紧前工作的工作箭线,使他们具有相同的开始节点		
步骤二、依次绘制其他工作箭线	条件1. 本工作只有一项紧前工作	将该工作箭线直接绘制在其紧前工作之后
	条件2. 本工作有多项紧前工作	情况(1):该情况下其多项紧前工作中存在一项(且只存在一项)只作为本工作紧前工作的工作,工作箭线直接画在该紧前工作箭线之后,然后用虚箭线将其他紧前工作箭线的箭头节点与本工作的箭尾节点分别相连
		情况(2):该情况下其紧前工作中存在多项只作为本工作紧前工作的工作,将这些紧前工作的箭线的箭头节点合并,再从合并之后节点开始,画出本工作箭线,然后用虚箭线将其他紧前工作箭线的箭头节点与本工作的箭尾节点分别相连

步骤二、依次绘制其他工作箭线	条件2. 本工作有多项紧前工作	情况(3):该情况下工作的所有紧前工作都同时是其他工作的紧前工作(即在紧前工作栏中,这几项紧前工作是否均同时出现若干次),将这些紧前工作的箭线的箭头节点合并,再从合并之后节点开始,画出本工作箭线
		情况(4):该情况非情况(1)、情况(2)、情况(3),将本工作箭线单独画在其紧前工作箭线之后的中部,然后用虚箭线将其他紧前工作箭线的箭头节点与本工作的箭尾节点分别相连

步骤三、所有箭线都绘制完毕,合并没有紧后工作的工作箭线的箭头节点,以保证网络图只有一个终点节点

步骤四、按照箭线方向,顺序进行节点编号,编号不必连续,但不能重复,且保证箭头节点编号大于箭尾节点编号

四、双代号网络图的绘制示例

[例4-1] 某工程项目所包含的工作及相互的逻辑顺序关系见表4-5,请绘制双代号网络图。

表4-5 某项目所有工作及逻辑关系表

工作	A	B	C	D	E
紧前工作	—	—	A	A、B	B

解:各项工作绘制顺序见表4-6。

表4-6 例4-1中网络图绘制步骤分析表

序号	绘制工作	对应规则	绘制结果
1	A、B	没有紧前工作	
2	C	只有紧前工作A	
3	D	条件2,情况(4)	
4	E	只有紧前工作B	

序号	绘制工作	对应规则	绘制结果
5		合并终节点	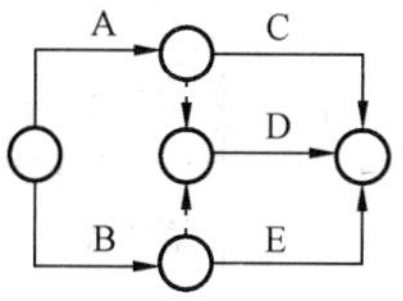
6		节点编号,并保证箭尾节点编号小于箭头节点编号	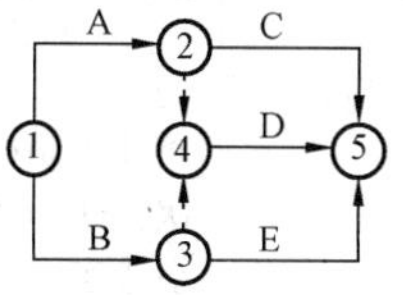

[**例4-2**] 某工程项目所包含的工作及相互的逻辑顺序关系见表4-7,请绘制双代号网络图。

表4-7 某项目所有工作及逻辑关系表

工作	A	B	C	D	E	F	G	H	I
紧前工作	—	A	A	B	B、C	C	D、E	E、F	G、H

解:各项工作绘制顺序见表4-8。

表4-8 例4-2中网络图绘制步骤分析表

序号	绘制工作	对应规则	绘制结果
1	A	没有紧前工作	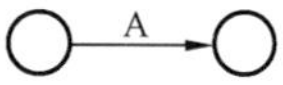
2	B、C、D	条件1,只有一项紧前工作	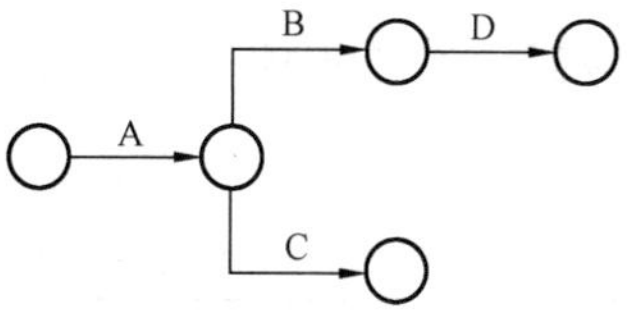
3	E	条件2,情况(4)	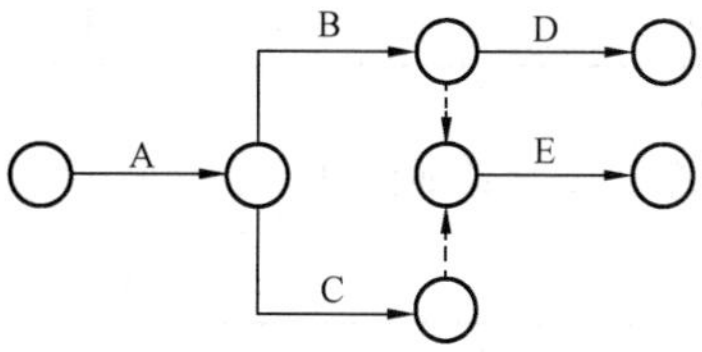
4	F	条件1,只有一项紧前工作C	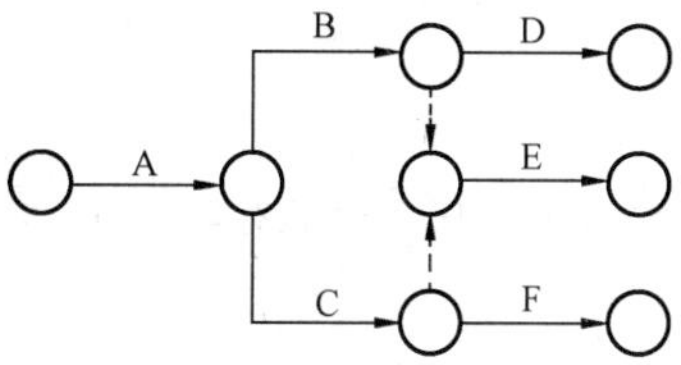

序号	绘制工作	对应规则	绘制结果
5	G	条件2,情况(1),D仅在此出现一次,紧跟D画出,紧前工作E用虚箭线连接	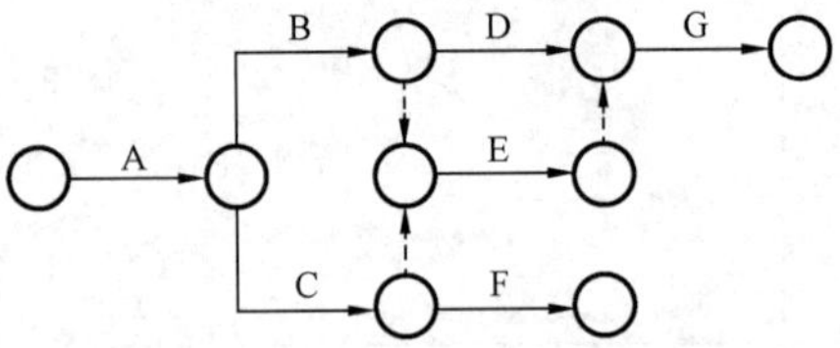
6	H	条件2,情况(1),F仅在此出现一次,紧跟F画出,紧前工作E用虚箭线连接	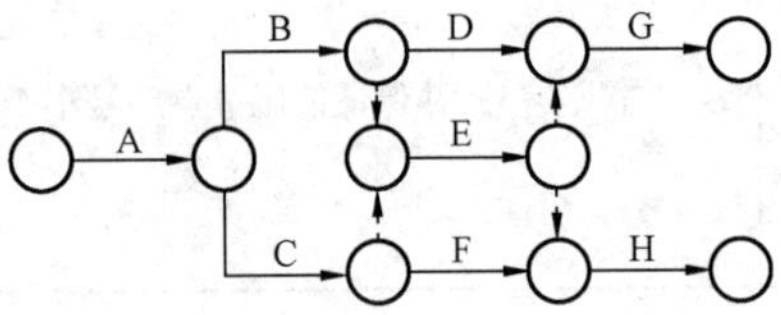
7	I	条件2,情况(2),I的紧前工作G、H仅在此出现一次,节点合并,后续画出	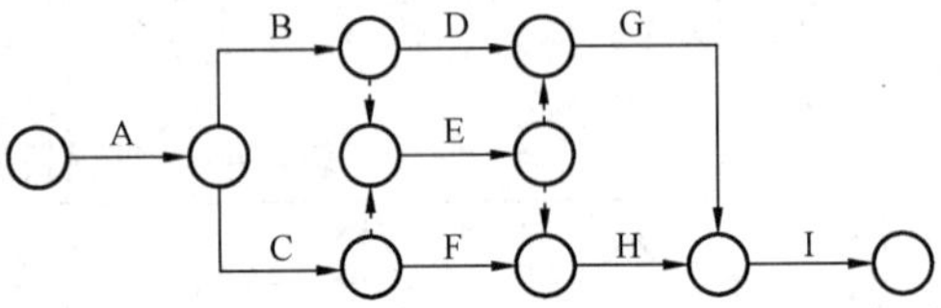
8	检查是否存在可以合并的节点		已经最简,无须合并
9	节点编号,并保证箭尾节点编号小于箭头节点编号		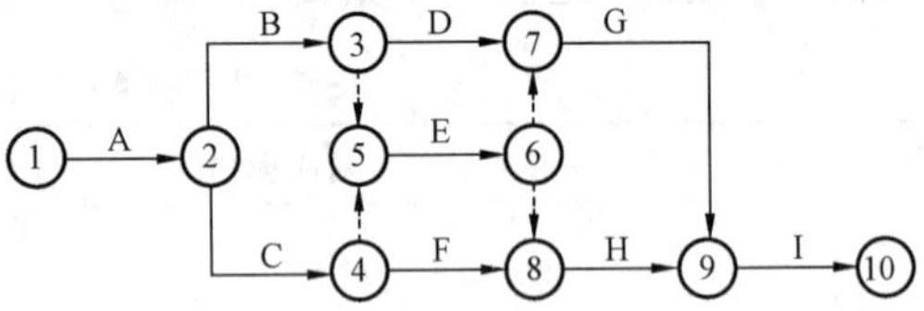

[例4-3]　某工程项目所包含的工作及相互的逻辑顺序关系见表4-9,请绘制双代号网络图。

表4-9　某项目所有工作及逻辑关系表

工作	A	B	C	D	E	F	G
紧前工作	—	—	—	—	A、B	B、C、D	C、D

解:各项工作绘制顺序见表4-10。

表4-10　例4-3中网络图绘制步骤分析表

序号	绘制工作	对应规则	绘制结果
1	A、B、C、D	没有紧前工作	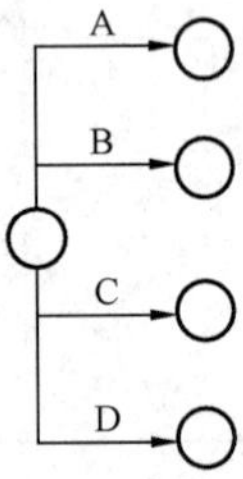

序号	绘制工作	对应规则	绘制结果
2	E	条件2,情况(1),A仅在此出现一次,紧跟A画出,紧前工作B用虚箭线连接	
3	F	条件2,情况(4),在紧前工作箭尾节点的中部单独画出F的节点,虚箭线相连	
4	G	条件2,情况(3),紧前工作C、D均同时出现在F的紧前工作中,合并画出(画工作F时,已合并)	
5	合并节点,检查是否最简		
6	节点编号,并保证箭尾节点编号小于箭头节点编号		

第三节 双代号网络图时间参数的计算

一、时间参数的含义

双代号网络图中的时间参数及其含义,见表4-11。

表4-11 双代号网络图时间参数的符号及含义

序号	名称	含义	符号	英文单词
1	工作持续时间	一项工作从开始到完成的时间	D_{i-j}	day
2	工作的最早开始时间	在各紧前工作全部完成后,工作 $i-j$ 有可能开始的最早时刻	ES_{i-j}	earliest starting time
3	工作的最早完成时间	在各紧前工作全部完成后,工作 $i-j$ 有可能完成的最早时刻	EF_{i-j}	earliest finishing time
4	工作的最迟开始时间	在不影响整个任务按期完成的前提下,工作 $i-j$ 必须开始的最迟时刻	LS_{i-j}	latest starting time
5	工作的最迟完成时间	在不影响整个任务按期完成的前提下,工作 $i-j$ 必须完成的最迟时刻	LF_{i-j}	latest finishing time
6	工作的总时差	在不影响总工期的前提下,工作 $i-j$ 可以利用的机动时间	TF_{i-j}	total float time
7	工作的自由时差	在不影响其紧后工作最早开始的前提下,工作 $i-j$ 可以利用的机动时间	FF_{i-j}	free float time
8	工期	完成任务所需要的时间,从第一项工作开始,到最后一项工作完成所经历的总时间	T	time
9	计算工期	根据网络计划时间参数计算出来的工期	T_c	computer time
10	要求工期	任务委托人所要求的工期	T_r	require time
11	计划工期	根据要求工期和计算工期所确定的作为实施目标的工期	T_p	plan time

注:$i-j$ 为工作的节点代号。

二、计算网络图时间参数的目的

计算网络图时间参数的目的有三个:确定关键线路,使得在工作中能抓住主要矛盾,向关键线路要时间;计算非关键线路上的富余时间,明确其存在多少机动时间,向非关键线路要劳力、要资源;确定总工期,做到工程进度心中有数。

三、时间参数的计算

双代号网络图时间参数的计算方法有多种,既可以以工作为计算的对象,也可以以节点为计算的对象,可以采用分析计算法,也可以采用图上直接计算法(包括六时标注计算法、标号计算法、节点计算法)。本节介绍下几种计算方法:

(1)以工作为计算对象的分析计算法;

(2)以工作为计算对象的六时标注计算法;

(3)以节点为计算对象的标号计算法;

(4)以节点为计算对象的节点计算法。

(一)以工作为计算对象的分析计算法

在计算各工作时间参数时,为了与数学坐标轴的规定一致,规定无论是工作的开始时间还是完成时间,都一律以时间单位的终了时刻为准。例如,坐标上某工作的开始时间为第6天,指的是第6个工作日的下班时间,也是第7个工作日的上班时间,计算中均规定网络计划的起始工作从第0天开始,实际上指的是在第一个工作日的上班时间开始。

1. 工作的最早开始时间和最早完成时间的计算

工作 $i—j$ 的最早开始时间及最早完成时间的计算方法如表 4-12 所示。

表 4-12　最早开始时间及最早完成时间的计算方法

时间参数	计算公式	理解	特殊情况
最早开始时间	$ES_{i—j} = \max\{ES_{h—i} + D_{h—i}\}$	需要计算最早开始时间的本项工作,其最早开始时间=所有紧前工作中,各自的最早开始时间加上其持续时间之和的最大值	以起始节点为箭尾的工作,当未规定其最早可能开始时间 $ES_{i—j}$ 时,$ES_{i—j}=0(i=1)$
最早完成时间	$EF_{i—j} = ES_{i—j} + D_{i—j}$	最早完成时间=本工作的最早开始时间+本工作的持续时间	以终点节点为箭头的各项工作中,最早完成时间的最大值,即项目的计算工期

[例 4-4]　某建筑工程网络计划如图 4-22 所示,计算节点最早开始时间和最早完成时间。

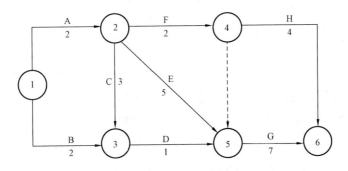

图 4-22　某工程网络计划

解:按公式 $ES_{i—j} = \max\{ES_{h—l} + D_{h—i}\}$ 计算各工作最早开始时间,按公式 $EF_{i—j} = ES_{i—j} + D_{i—j}$ 计算各工作最早完成时间,结果如表 4-13 所示。

表 4-13　某建筑工程网络计划最早时间计算过程　　　　单位:天

节点编号	紧前各项工作作业时间	本工作最早开始时间 $ES_{i—j} = \max\{ES_{h—i} + D_{h—i}\}$	本工作持续时间	本工作最早完成时间 $EF_{i—j} = ES_{i—j} + D_{i—j}$
①—②		$ES_{1—2} = 0$	2	$EF_{1—2} = ES_{1—2} + D_{1—2} = 0 + 2 = 2$
①—③		$ES_{1—3} = 0$	2	$EF_{1—3} = ES_{1—3} + D_{1—3} = 0 + 2 = 2$
②—③	$D_{1—2} = 2$	$ES_{2—3} = ES_{1—2} + D_{1—2} = 0 + 2 = 2$	3	$EF_{2—3} = ES_{2—3} + D_{2—3} = 2 + 3 = 5$
②—④	$D_{1—2} = 2$	$ES_{2—4} = ES_{1—2} + D_{1—2} = 0 + 2 = 2$	2	$EF_{2—4} = ES_{2—4} + D_{2—4} = 2 + 2 = 4$
②—⑤	$D_{1—2} = 2$	$ES_{2—5} = ES_{1—2} + D_{1—2} = 0 + 2 = 2$	5	$EF_{2—5} = ES_{2—5} + D_{2—5} = 2 + 5 = 7$

节点编号	紧前各项工作作业时间	本工作最早开始时间 $ES_{i-j} = \max\{ES_{h-i} + D_{h-i}\}$	本工作持续时间	本工作最早完成时间 $EF_{i-j} = ES_{i-j} + D_{i-j}$
③—⑤	$D_{2-3} = 3$ $D_{1-3} = 2$	$ES_{3-5} = \max\{ES_{2-3} + D_{2-3} = 2 + 3 = 5,$ $ES_{1-3} + D_{1-3} = 0 + 2 = 2\}$ 取最大值 $ES_{3-5} = 5$	1	$EF_{3-5} = ES_{3-5} + D_{3-5} = 5 + 1 = 6$
④—⑥	$D_{2-4} = 2$	$ES_{5-7} = ES_{2-4} + D_{2-4} = 2 + 2 = 4$	4	$EF_{4-6} = ES_{4-6} + D_{4-6} = 4 + 4 = 8$
⑤—⑥	$D_{2-4} = 2$ $D_{2-5} = 5$ $D_{3-5} = 1$	$ES_{6-7} = \max\{ES_{2-4} + D_{2-4} = 2 + 2 = 4,$ $ES_{2-5} + D_{2-5} = 2 + 5 = 7,$ $ES_{3-5} + D_{3-5} = 5 + 1 = 6\}$ 取最大值 $ES_{6-7} = 7$	7	$EF_{5-6} = ES_{5-6} + D_{5-6} = 7 + 7 = 14$

2. 网络计划的计算工期和计划工期的计算

双代号网络图计算工期和计划工期的计算方法如表 4 – 14 所示。

表 4 – 14　计算工期和计划工期的计算方法

时间参数	计算公式	理解
计算工期	$T_c = \max\{EF_{i-n}\}$	计算工期是根据时间参数计算所得到的工期,等于网络计划中以终点节点为结束节点的各工作最早完成时间的最大值
计划工期	$T_p \leq T_r$	当规定要求工期 T_r 时(T_r 为要求工期,指任务委托人所提出的指令性工期),计划工期应不大于要求工期
	$T_p = T_r$	当未规定要求工期 T_r 时,(T_r 为要求工期,指任务委托人所提出的指令性工期),计划工期等于要求工期

[**例 4 – 5**]　如图 4 – 22 所示,计算该网络计划的计算工期。

解:网络计划的计算工期应为 $T_c = \max\{EF_{i-n}\}$,因此,该网络计划的计算工期为

$$T_c = \max\{EF_{4-6} = 8, EF_{5-6} = 13\} = 13(天)$$

3. 工作的最迟开始时间和最迟完成时间的计算

双代号网络图最迟开始时间和最迟完成时间的计算方法如表 4 – 15 所示。

表 4 – 15　最迟开始时间和最迟完成时间的计算方法

时间参数	计算公式	理解	特殊情况
最迟完成时间	$LF_{i-j} = \min\{LF_{j-k} - D_{j-k}\}$	工作 $i-j$ 的最迟完成时间 = 其所有紧后工作中,各自的最迟完成时间减去其持续时间所得之差的最小值	以终点节点为箭头节点的工作,$LF_{i-j} = T_p$,即最迟完成时间 = 计划工期(规定要求工期时,计划工期 = 要求工期;未规定要求工期时,计划工期 = 计算工期)
最迟开始时间	$EF_{i-j} = ES_{i-j} + D_{i-j}$	最迟开始时间 = 本工作的最迟完成时间减去本工作的持续时间	以终点节点为箭头节点的各项工作中,最早完成时间的最大值,即项目的计算工期

[例4—6] 如图4—22所示,计算该网络计划的最迟完成时间和最迟开始时间。

解: 按照公式 $LF_{i—j} = \min\{LF_{j—k} - D_{j—k}\}$ 和 $EF_{i—j} = ES_{i—j} + D_{i—j}$,逆着网络图箭线的方向,从后向前,依次逐项分别计算最迟完成时间和最迟开始时间,计算结果见表4—16。

表4—16　各工作最迟完成时间和最早完成时间的计算过程　　　　单位:天

工作代号 ①—①	紧后各项工作的持续时间 $D_{i—j}$	本工作最迟完成时间 $LF_{i—j} = \min\{LF_{i—j} - D_{i—j}\}$	作业时间 $D_{i—j}$	本工作最迟开始时间 $LS_{ij} = LF_{i—j} - D_{i—j}$
④—⑥		$LF_{4—6} = T_c = 14$	$D_{4—6} = 4$	$LS_{4—6} = LF_{4—6} - D_{4—6} = 14 - 4 = 10$
⑤—⑥		$LF_{5—6} = T_c = 14$	$D_{5—6} = 7$	$LS_{5—6} = LF_{5—6} - D_{5—6} = 14 - 7 = 7$
②—④	$D_{4—6} = 4$ $D_{5—6} = 7$	$LF_{2—4} = \min\{LF_{4—6} - D_{4—6} = 14 - 4 = 10,$ $LF_{5—6} - D_{5—6} = 14 - 7 = 7\}$ 取小值 $= 7$	$D_{2—4} = 2$	$LS_{2—4} = LF_{2—4} - D_{2—4} = 7 - 2 = 5$
②—⑤	$D_{5—6} = 7$	$LF_{2—5} = LF_{5—6} - D_{5—6} = 14 - 7 = 7$	$D_{2—5} = 4$	$LS_{2—5} = LF_{2—5} - D_{2—5} = 7 - 5 = 2$
③—⑤	$D_{5—6} = 7$	$LF_{3—5} = LF_{5—6} - D_{5—6} = 14 - 7 = 7$	$D_{3—5} = 1$	$LS_{2—6} = LF_{2—6} - D_{2—6} = 7 - 1 = 6$
②—③	$D_{3—5} = 1$	$LF_{2—3} = LF_{3—5} - D_{3—5} = 7 - 1 = 6$	$D_{2—3} = 3$	$LS_{2—3} = LF_{2—3} - D_{2—3} = 6 - 3 = 3$
①—②	$D_{2—4} = 2$ $D_{2—5} = 5$ $D_{2—3} = 3$	$LF_{1—2} = \min\{LF_{2—4} - D_{2—4} = 7 - 2 = 5,$ $LF_{2—5} - D_{2—5} = 7 - 5 = 2,$ $LF_{2—3} - D_{2—3} = 6 - 3 = 3\}$ 取小值 $= 2$	$D_{1—2} = 2$	$LS_{1—2} = LF_{1—2} - D_{1—2} = 2 - 2 = 0$
①—③	$D_{3—5} = 1$	$LF_{1—2} = LF_{3—5} - D_{3—5} = 7 - 1 = 6$	$D_{1—3} = 2$	$LS_{1—3} = LF_{1—3} - D_{1—3} = 6 - 2 = 4$

4. 工作总时差与自由时差的计算

双代号网络图工作总时差和自由时差的计算方法如表4—17所示。

表4—17　工作总时差和自由时差的计算方法

时间参数	计算公式	理解	性质
总时差	$TF_{i—j} = LS_{i—j} - ES_{i—j}$; 或 $TF_{i—j} = LF_{i—j} - EF_{i—j}$	工作 $i—j$ 的总时差等于该工作的最迟开始时间与其最早开始时间之差;或等于该工作的最迟完成时间与其最早完成时间之差	(1)总时差等于零的工作为关键工作; (2)如果工作总时差为零,其自由时差一定等于零; (3)总时差不但属于本项工作,而且与前后工作均有联系,它为一条线路所共有
自由时差	$FF_{i—j} = ES_{j—k} - EF_{i—j}$	需要计算的本项工作的自由时差 = 紧后工作的最早开始时间减去本工作的最早完成时间(注:① 有多项紧后工作时,取其紧后工作最早开始时间的最小值;② 终点节点为箭头的工作,因其无紧后工作,以计划工期代替紧后工作的最早开始时间)	(1)工作的自由时差小于或等于工作的总时差; (2)关键线路上的节点为结束节点的工作,其自由时差与总时差相差; (3)使用自由时差对后续工作没有影响,后续工作仍可按其最早开始时间开始

[例4—7] 如图4—22所示,计算该网络计划中各项工作的总时差和自由时差。

解: 第一步,总时差的计算,按照总时差的计算公式 $TF_{i—j} = LS_{i—j} - ES_{i—j}$ 或 $TF_{i—j} = LF_{i—j} - EF_{i—j}$,在前面计算出了各项工作的最早时间和最迟时间的基础上,可以很方便地计算出其时差,见表4—18。

表4-18　各工作的总时差计算过程　　　　　　单位:天

工作代号 ⓘ—ⓙ	本工作 最迟完成时间	本工作 最早完成时间	本工作 最迟开始时间	本工作 最早开始时间	本工作总时差 (1-2,或3-4)
	1	2	3	4	5
④—⑥	14	8	10	4	6
⑤—⑥	14	14	7	7	0
②—④	7	4	5	2	3
②—⑤	7	7	2	2	0
③—⑤	7	6	6	5	1
②—③	6	5	3	2	1
①—②	2	2	0	0	0
①—③	6	2	4	0	4

总时差为零的工作有⑤—⑥、②—⑤、①—②,全部由总时差为零的工作组成的路线为①—②—⑤—⑥,即为该网络计划的关键线路,则在关键线路上的工作①—②、②—⑤、⑤—⑥为关键工作。

第二步,按照自由时差的计算公式 $FF_{i-j} = ES_{j-k} - EF_{i-j}$ 计算自由时差,见表4-19。

表4-19　各工作的自由时差计算过程　　　　　　单位:天

工作代号 ⓘ—ⓙ	紧后工作 最早开始时间	本工作 最早完成时间	本工作 自由时差
④—⑥	$T_c = 14$	8	6
⑤—⑥	$T_c = 14$	14	0
②—④	$ES_{4-6} = 4, ES_{5-6} = 7$ 取最小值=4	4	0
②—⑤	$ES_{5-6} = 7$	7	0
③—⑤	$ES_{5-6} = 7$	6	1
②—③	$ES_{3-5} = 5$	5	0
①—②	$ES_{2-4} = 2$ $ES_{2-5} = 2$ $ES_{2-3} = 2$	2	0
①—③	$ES_{3-5} = 5$	2	3

自由时差是总时差的一部分,自由时差≤总时差。

(二)以工作为计算对象的六时标注计算法

图上计算法就是根据分析计算法的计算公式在图上直接计算的一种方法。在工作实践中,六时标注法就是计算工作的时间参数时常用到的一种图上计算法,比分析计算法更为直观和便捷。

六时标注法计算各工作的时间参数,适合在分析计算法熟练掌握的基础上,按照分析计算法中提供的计算公式,通过心算直接得出结果,并标注在网络图上。六时标注法的表示方法如图4-23所示。

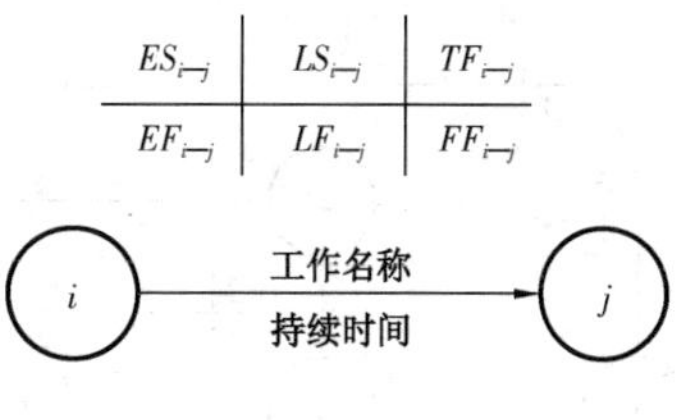

图4-23　六时标注法表示方法

1. 工作的最早开始时间和最早完成时间的计算

工作的最早开始时间和最早完成时间的计算,从前向后依次逐项进行,其计算口诀可以简记为"顺线累加,逢箭头相撞取大值"。

[**例4-8**]　某工程项目共有5项工作,其双代号网络计划如图4-24所示,求各项工作的最早开始时间和最早完成时间。

解:按照"顺线累加,逢箭头相撞取大值",沿着箭线方向,各工作的最早开始和最早完成时间计算结果如图4-25所示。

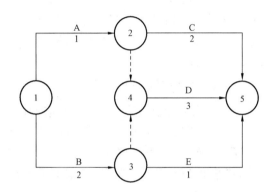

图4-24　某项目双代号网络图

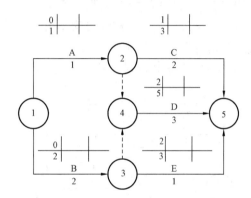

图4-25　某项目双代号网络图

需要注意的是:工作D的开始节点④,有两个箭头引入,符合"逢箭头相撞取大值",其紧前工作A的最早完成时间是"1",其紧前工作B的最早完成时间是"2",则D的最早开始时间取其工作A、B的最早完成时间的最大值,即"2"。

2. 工期的计算

"顺线累加,逢箭头相撞取大值"计算完毕网络计划中,各项工作的最早开始时间和最早完成时间之后,以终点节点为箭头节点的工作中,最早完成时间的最大值即该网络计划的计算工期。

如例4-8中,以终点节点⑤为箭头节点的工作共有C、D、E三个,其最早完成时间分别是3、5、2,则该双代号网络计划的计算工期为5天,直接标注在网络图右侧即可,如图4-26所示。

3. 工作的最迟开始时间和最迟完成时间的计算

工作的最迟开始时间和最迟完成时间的计算,从后向前逆着箭线的方向依次逐项进行,其计算口诀可以简记为"逆线累减,逢箭尾相撞取小值"。

[**例4-9**]　在例4-8的基础上继续求图4-26各项工作的最早开始时间和最早完成时间。

解:按照"逆线累减,逢箭尾相撞取小值",逆着箭线方向,各工作的最迟开始和最迟完成时间计算结果如图4-27所示。

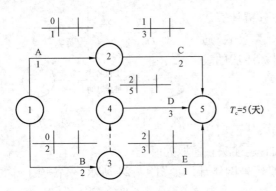

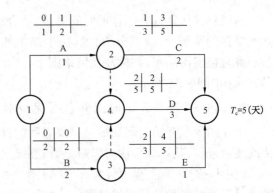

图 4-26 某项目双代号网络图工期计算结果　　　图 4-27 某项目双代号网络图最迟时间计算结果

需要注意的是：(1)工作 C、D、E 是以终点节点为结束节点的工作，由于没有明确的要求工期 T_r，其最迟完成成时间，取计算工期 T_c。(2)工作 A 的结束节点②，有 C、D 两个紧后工作的箭尾发出，符合"逢箭尾相撞取小值"，其紧后工作 C 的最迟开始时间是"3"，紧后工作 D 的最迟开始时间是"2"，则 A 的最迟完成时间取其紧后工作 C、D 最迟开始时间的最小值，即"2"。同理，工作 B 的最迟开始时间，取紧后工作 D、E 中，D 的最迟开始时间"2"。

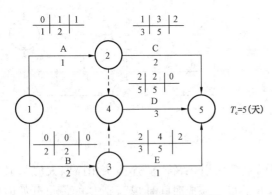

图 4-28 某项目双代号网络图
工作总时差计算结果

4. 工作的总时差的计算

前面的分析计算法中，总时差的计算公式为：$TF_{i \to j} = LS_{i \to j} - ES_{i \to j}$ 或 $TF_{i \to j} = LF_{i \to j} - EF_{i \to j}$。为了便于记忆，可以简记为"总时差 = 迟开 - 早开，或总时差 = 迟完 - 早完"。

[例 4-10] 在例 4-9 的基础上继续求图 4-24 各项工作的总时差。

解： 在例 4-9 已经计算完各工作最早时间和最迟时间的基础上，可以快速地计算出总时差，如图 4-28 所示。

5. 工作的自由时差的计算

前面分析及算法中，自由时差的计算公式为 $FF_{i \to j} = ES_{j \to k} - EF_{i \to j}$，即需要计算的本项工作的自由时差 = 紧后工作的最早开始时间减去本工作的最早完成时间。当有多项紧后工作时，取其紧后工作最早开始时间的最小值；以终点节点为箭头的工作，因其无紧后工作，以计划工期（无要求工期时，计划工期 = 计算工期）代替紧后工作的最早开始时间。

为了便于记忆，可以简记为自由时差 = 后早开 - 本早完。

[例 4-11] 在例 4-10 的基础上继续求图 4-24 各项工作的自由时差。

解： 箭头指向终点节点的工作是 C、D、E，其紧后工作的最早开始时间，以计算工期 $T_c = 5$ 代替。计算结果如图 4-29 所示。

通过计算工作的总时差和自由时差，可以在网络图上以双箭线或加粗箭线的方式，直接标明网络图的关键线路，如图 4-30 所示。该网络图中，总时差为零的工作有 B、D，全部由总时差为零的工作组成的路线为①—③—④—⑤，即为该网络计划的关键线路，则在关键线路上的工作 B、D 为关键工作。

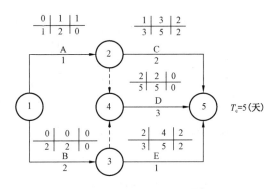

图4-29 某项目双代号网络图
工作自由时差计算结果

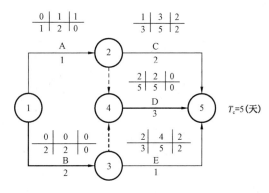

图4-30 某项目双代号网络图关键线路标注

(三)以节点为计算对象的标号计算法

标号计算法简称标号法,是通过对网络计划中的每一个节点进行标号,然后利用标号值快速确定网络计划的计算工期和关键线路的一种方法。

标号法的计算过程如下:

(1)将网络计划起点节点的标号值确定为0。

(2)其他节点的标号值计算:$b_j = \max\{b_i + D_{i-j}\}$,当计算出节点的标号值后,应该用其标号值及其源节点对该节点进行双标号。

(3)网络计划的计算工期就是网络计划终点节点的标号值。

(4)关键线路应从网络计划的终点节点开始,逆着箭线方向按源节点确定。

[例4-12] 用节点标号法对图4-24所示双代号网络图节点进行标号,并确定关键线路。

解:计算分析思路见表4-20,图上计算时,逆着箭线方向,从后向前,将源节点按顺序记录下来,⑤—④—③—①即为关键线路,计算过程及结果见图4-31和图4-32。

表4-20 某工程项目双代号网络计划节点标号法,计算分析表

节点	分析及标号	标号结果
①	起始节点,标为 $b_1 = 0$	$b_1 = 0$
②	来源节点只有①,$b_2 = b_1 + D_{1-2} = 1$	(①,1)
③	来源节点只有①,$b_2 = b_1 + D_{1-3} = 2$	(①,2)
④	来源节点②,$b_4 = b_2 + D_{2-4} = 1$;节点③,$b_4 = b_3 + D_{3-4} = 2$。取最大值,其余删除	(③,2)
⑤	来源节点②,$b_5 = b_2 + D_{2-5} = 3$; 节点③,$b_5 = b_3 + D_{3-5} = 3$; 节点④,$b_5 = b_4 + D_{4-5} = 5$。 取最大值,其余删除	(④,5)

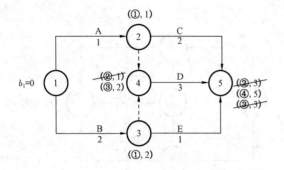

图4-31 某项目双代号网络图标号法计算过程

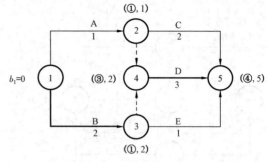

图4-32 某项目双代号网络图标号法计算结果

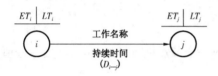

图4-33 节点计算法标注示意图

(四)以节点为计算对象的节点计算法

节点计算法是通过计算网络计划中的每一个节点的最早时间和最迟时间,从而确定网络计划的计算工期和关键线路的一种方法。

节点计算法的表示方法如图4-33所示,有五个计算步骤。

1. 计算节点的最早时间

节点最早时间的计算应从网络计划的起点开始,顺着箭线方向依次进行。

(1)网络计划的起始节点,未规定最早时间时,其最早时间 $ET=0$;

(2)其他节点的最早时间 $ET_j = \max\{$箭头指向该节点工作的紧前节点的最早时间 $ET_i +$ 其作业时间 $D_{i-j}\}$。

2. 确定计算工期与计划工期

网络的计算工期等于网络计划终点节点的最早时间,若未规定要求工期,网络的计划工期等于计算工期。

3. 确定节点最迟时间

节点最迟时间的计算应从网络计划的终点节点开始,从后向前算。

(1)网络计划终点节点的最迟时间 LT 等于计划工期 T_p,在没有规定计划工期时,等于计算工期 T_c,即最终节点的最早时间。

(2)其他节点的最迟时间 $LT_i = \min\{$该节点指向其他节点的最迟时间 LT_j 减去持续时间 $D_{i-j}\}$。

4. 确定关键节点

当计划工期等于计算工期时,关键节点的最迟时间等于最早时间。

5. 确定关键工作

当计划工期等于计算工期时,利用关键节点来判定关键工作,关键工作的开始和结束节点必定是关键节点,但以关键节点为开始和结束节点的工作,不一定是关键工作。

判定关键工作,必须满足的两个条件:两端节点为关键节点;紧前节点的最早时间+持续时间=紧后节点最早时间,或紧前节点的最迟时间+持续时间=紧后节点最迟时间。

[**例 4 - 13**]   计算图 4 - 34 所示的双代号网络计划中各节点的最早时间和最迟时间,并确定关键线路和关键工作。

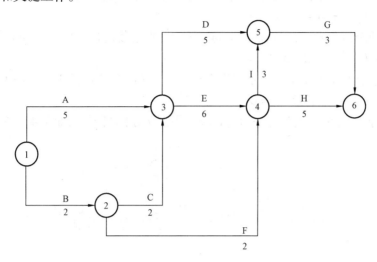

图 4 - 34   某建筑工程双代号网络计划图

解:第一步,顺着箭线方向,计算最早时间和计算工期,有开始节点①的最早时间 $ET_1 = 0$。节点②的最早时间 $ET_1 + D_{1-2} = 0 + 2 = 2$。节点③有两个箭头引入,其最早时间 $ET_3 = \max\{ET_1 + D_{1-3} = 0 + 5 = 5, ET_2 + D_{2-3} = 2 + 2 = 4\} = 5$。节点④有两个箭头引入,其最早时间 $ET_4 = \max\{ET_3 + D_{3-4} = 5 + 6 = 11, ET_2 + D_{2-4} = 2 + 2 = 4\} = 11$。节点⑤有两个箭头引入,其最早时间 $ET_5 = \max\{ET_3 + D_{3-5} = 5 + 5 = 10, ET_4 + D_{4-5} = 11 + 3 = 14\} = 14$。节点⑥有两个箭头引入,其最早时间 $ET_6 = \max\{ET_4 + D_{4-6} = 11 + 5 = 16, ET_5 + D_{5-6} = 14 + 3 = 17\} = 17$。

终点节点⑥的最早时间,即为该网络计划的计算工期,$T_p = ET_6 = 17$。

按照以上分析思路,一边计算一边将计算结果记录在网络图上,如图 4 - 35 所示。

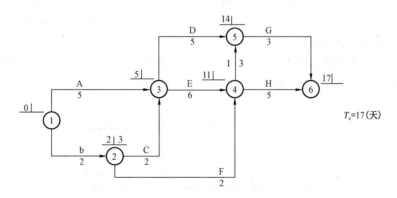

图 4 - 35   最早时间的计算结果

第二步,逆着箭线方向,计算最迟时间,有最迟时间计算公式为

$$LT_i = \min\{\text{该节点指向其他节点的最迟时间 } LT_j \text{ 减去持续时间 } D_{i-j}\}$$

终点节点⑥最迟时间 $LT_6 = T_c = 17$。

节点⑤有以箭线发出,指向节点⑥,节点⑤最迟时间 $LT_5 = LT_6 - D_{5-6} = 17 - 3 = 14$。

节点④有两个箭头发出,分别指向节点⑤和⑥,节点④最迟时间 $LT_4 = \min\{LT_6 - D_{4-6} =$

$17-5=12, LT_5 - D_{5-6} = 14 - 3 = 11\} = 11$。

节点③有两个箭头发出,分别指向节点④和⑤,节点③最迟时间 $LT_3 = \min\{LT_4 - D_{3-4} = 11 - 6 = 5, LT_5 - D_{3-5} = 14 - 5 = 9\} = 5$。

节点②有两个箭头发出,分别指向节点③和④,节点②最迟时间 $LT_2 = \min\{LT_4 - D_{2-4} = 11 - 2 = 9, LT_3 - D_{2-3} = 5 - 2 = 3\} = 3$。

开始节点①有两个箭头发出,分别指向节点②和③,节点①最迟时间 $LT_1 = \min\{LT_2 - D_{1-2} = 3 - 2 = 1, LT_3 - D_{1-3} = 5 - 5 = 0\} = 0$。

按照以上分析思路,一边计算一边将计算结果记录在网络图上,如图4-36所示。

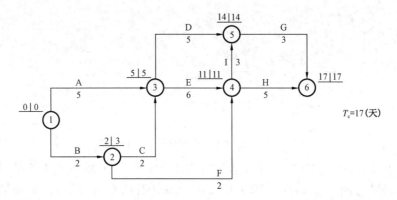

图4-36　最迟时间的计算结果

第三步,确定关键线路

判定关键工作,必须满足的第一个条件是,该工作的两端节点为关键节点。对照前面的计算结果,最早时间和最迟时间相等的节点为关键节点,该网络计划的关键节点有节点①、③、④、⑤、⑥,因此有可能成为关键工作的有:A、D、E、I、G、H。

必须满足的第二个条件是,紧前节点的最早时间+持续时间=紧后节点最早时间,或紧前节点的最迟时间+持续时间=紧后节点最迟时间。通过分析发现,工作D、H不满足该条件,工作A、E、I、G均满足该条件。

则该网络计划的关键工作为A、E、I、G,关键线路为①—③—④—⑤—⑥,并将关键线路标注在网络计划中,如图4-37所示。

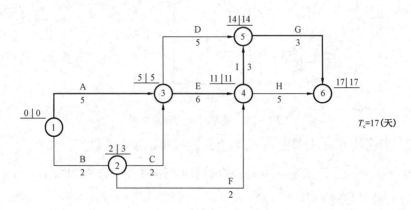

图4-37　关键线路推算结果

第四节　双代号时标网络计划

一、双代号时标网络计划的概念

双代号时标网络计划简称时标网络计划,实质上是在一般的双代号网络图上加注时间坐标,它所表达的逻辑关系与原网络计划完全相同,但箭线的长度不能任意画,与工作的持续时间相对应。时标网络计划的优点如下:

(1)在时标网络计划中,网络计划的各个时间参数可以直观地表达出来,因此,可直观地进行判读。

(2)利用时标网络计划,可以很方便地绘制出资源需要曲线,便于进行优化和控制。

(3)在时标网络计划中,可以利用前锋线方法对计划进行动态跟踪和调整。

(4)时标网络计划可按最早时间和最迟时间两种方法绘制,使用较多的是最早时标网络计划。

二、时标网络计划的绘制

(一)时标的形式

时标包括计算坐标、日历坐标、工作日坐标三种形式。

计算坐标:主要用作网络计划时间参数的计算,计划任务从第 0 天开始。

日历坐标:可明确表示整个工程的开工日期和完工日期,并可明确表示各项工作的开始日期和完成日期,同时还可以考虑扣除节假日休息时间。

工作日坐标:可明确表示各项工作在工程开工后第几天开始和第几天完成,但不能表示工程的开工日期和完工日期,也不能表示各项工作的开始日期和完成日期。

时标网络计划适合按最早时间绘制。在绘制前,首先应根据确定的时间单位绘制出一个时间坐标表,时间坐标单位可根据计划期的长短确定(可以是小时、天、周、旬、月或季等),如图 4－38 所示;时标一般标注在时标表的顶部或底部(也可在顶部和底部同时标注,特别是大型的、复杂的网络计划),要注明时标单位。有时在顶部或底部还应加注相对应的日历坐标和计算坐标。时标表中的刻度线应为细实线,为使图面清晰,此线一般不画或少画。

计算坐标	1	2	3	4	5	6	7	8	9	10	11	12	13	14
日历	24/4	25/4	26/4	29/4	30/4	6/5	7/5	8/5	9/5	10/5	13/5	14/5	15/5	16/5	17/5
工作日坐标	1	2	3	4	5	6	7	8	9	10	11	12	13	14	15
网络计划														
工作日坐标														

图 4－38　时标网络计划中时间坐标的表示方法

(二)时标网络计划绘制的原则

在绘制时标网络计划时,应遵循以下规定:

(1)代表工作的箭线长度在时标表上的水平投影长度,应与其所代表的持续时间相对应。

(2)节点的中心线必须对准时标的刻度线。

(3)在箭线与其结束节点之间有不足部分时,应用波形线表示。

(4)在虚工作的开始与其结束节点之间,垂直部分用虚箭线表示,水平部分用波形线表示。

(5)绘制时标网络计划时应先绘制出无时标网络计划(逻辑网络图)草图,然后再按间接绘制法或直接绘制法绘制。

(三)时标网络计划的绘制方法

1. 间接绘制法

间接绘制法(或称先算后绘法)指先计算无时标网络计划草图的时间参数,然后再在时标网络计划表中进行绘制的方法。

用这种方法时,应先对无时标网络计划进行计算,算出其最早时间。然后再按每项工作的最早开始时间将其箭尾节点定位在时标表上,再用规定线型绘出工作及其自由时差,即形成时标网络计划。绘制时,一般先绘制出关键线路,然后再绘制非关键线路。

绘制步骤如下:

(1)先绘制网络计划原始图,如图4-39所示。

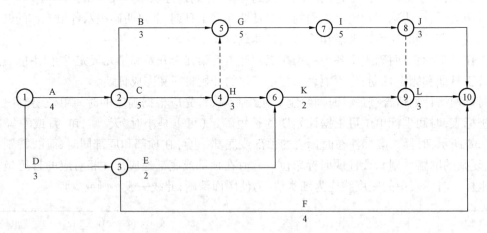

图4-39 双代号网络计划原始图

(2)计算工作最早开始时间并标注在图上,如图4-40所示。

(3)在时标表上,按最早开始时间确定每项工作的开始节点位置(图形尽量与草图一致),节点的中心线必须对准时标的刻度线,如图4-41所示。

(4)按各工作的时间长度画出相应工作的实线部分,使其水平投影长度等于工作时间;由于虚工作不占用时间,所以应以垂直虚线表示。

(5)用波形线将实线部分与其紧后工作的开始节点连接起来,以表示自由时差,如图4-42所示。

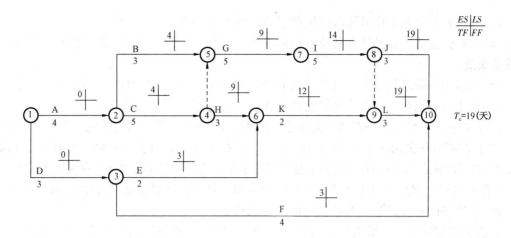

图 4-40　双代号网络计划最早时间计算结果

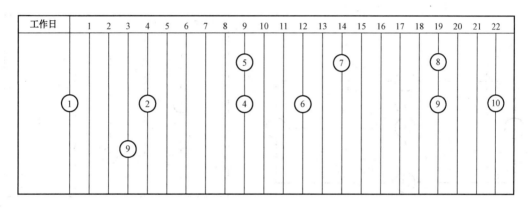

图 4-41　每项工作开始节点位置

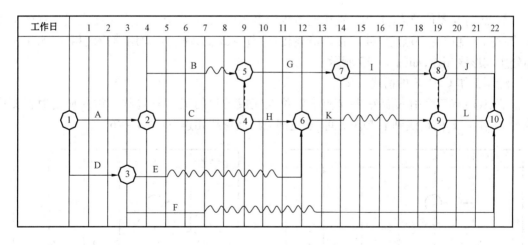

图 4-42　实箭线与波形线绘制结果

2. 直接绘制法

直接绘制法指不经时间参数计算而直接按无时标网络计划草图绘制的时标网络计划,其绘制步骤如下:

(1)将网络计划起点节点定位在时标表的起始刻度线上(即第一天开始点)。

（2）在时标表上按工作持续时间绘制起节点的外向箭线。

（3）工作的箭头节点必须在其所有内向箭线绘出以后,定位在这些箭线中完成最迟的实箭线箭头处。

（4）某些内向箭线长度不足以到达该节点时,用波形线补足,即为该工作的自由时差。

（5）用上述方法自左向右依次确定其他节点的位置,直至终点节点定位绘完为止。

需要注意的是:使用这一方法的关键是要处理好虚箭线。首先要将它等同于实箭线看待,但其持续时间为零;其次,虽然它本身没有时间,但可能存在时差,故要按规定画好波形线。在画波形线时,虚工作垂直部分应画虚线,箭头在波形线末端或其后存在虚箭线时应在虚箭线的末端。

[例4-14] 试用直接方法将图4-43所示双代号网络计划绘制成时标网络计划。

解:绘制节点①及工作A、B持续时间的箭线长度。

节点②③均只有一个箭头引入,可分别直接在工作A、B的箭线后直接绘出,如图4-44所示。

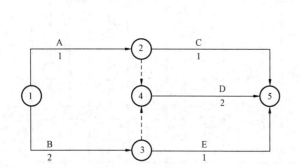

图4-43 某建筑工程双代号网络计划原始图

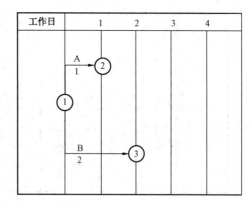

图4-44 绘制节点①②③

节点④:与紧前节点②、③分别相连箭线均表示虚工作,将节点④定位在完成最迟的节点③的时标刻度位置,节点③、④直接虚箭线相连,节点②、④垂直方向用虚箭线相连,水平不足部分用波形线相连,如图4-45所示。

绘制工作C、D、E的箭线长度。

节点⑤:有三个引入箭头,将节点⑤定位在完成最迟的工作D箭线末端对应的时标刻度位置,工作C、E的箭线到节点⑤之间,不足部分用波形线相连,见图4-46。

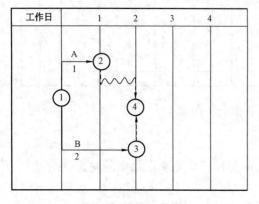

图4-45 绘制节点④

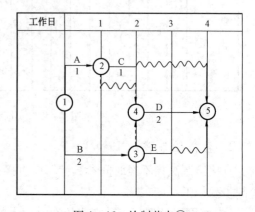

图4-46 绘制节点⑤

(四)时标网络计划关键线路和时间参数的判定

1. 关键线路的判定

时标网络计划的关键线路,应从终点节点至始点节点进行观察,凡自始至终没有波形线的线路,即为关键线路。

判别是否是关键线路的基础仍然是根据这条线路上各项工作是否有总时差。在这里,是根据是否有自由时差来判断是否有总时差的。因为有自由时差的线路必有总时差,自由时差是位于线路的末端,既然末端不出现自由时差,那么这条线路段上各工作也就没有总时差,这条线路必然就是关键线路。

2. 时间参数的判定

1)计算工期的判定

时标网络计划计算工期等于终点节点与起点节点所在位置的时标值之差。

2)最早时间的判定

在时标网络计划中,每条箭线箭尾节点中心所对应的时标值,即为该工作的最早开始时间。没有自由时差工作的最早完成时间为其箭头节点中心所对应的时标值;有自由时差工作的最早结束时间为其箭线实线部分右端点所对应的时标值。

3)工作自由时差值的判定

由之前的分析可知

工作的自由时差 = 其紧后工作的最早开始时间 – 本工作的最早结束时间

在时标网络计划中,每条波形线的末端,就是该条波形线所在工作的紧后工作的最早开始时间,波形线的起点,就是它所在工作的最早完成时间,波形线的水平投影就是这两个时间之差,也就是自由时差值。

因此,工作自由时差值等于其波形线(或虚线)在坐标轴上的水平投影长度。

在时标网络计划中,可能存在以下几种情况:

第一,本工作箭线上存在波形线,则波形线的水平投影长度就是该工作的自由时差。

第二,本工作箭线上不存在波形线,需要观察其紧后工作,如果紧后工作都不是虚工作,则该工作自由时差为0;如果紧后工作都是虚工作,其紧接的虚箭线中波形线水平投影长度的最短者则为本工作的自由时差;如果本工作之后不只紧接虚工作,该工作的自由时差为0。

4)工作总时差值的推算

时标网络计划中,工作总时差不能直接观察,但可利用工作自由时差进行判定。工作总时差应自右向左逆箭线推算,因为只有其所有紧后工作的总时差被判定后,本工作的总时差才能判定。

工作总时差等于其紧后工作的总时差加本工作与该紧后工作之间的时间间隔 LAG_{i-j-k} 之和的最小值,即

$$TF_{i-j} = \min\{TF_{j-k} + LAG_{i-j-k}\}$$

所谓两项工作之间的时间间隔 LAG_{i-j-k} 指本工作的最早完成时间与其紧后工作最早开始时间之间的差值。

5)最迟时间的推算

有了工作总时差与最早时间,工作的最迟时间便可计算出来。

工作最迟开始时间等于本工作的最早开始时间与其总时差之和;工作最迟完成时间等于本工作的最早完成时间与其总时差之和,即

$$LS_{i\rightarrow j} = ES_{i\rightarrow j} + TF_{i\rightarrow j}$$

$$LF_{i\rightarrow j} = EF_{i\rightarrow j} + TF_{i\rightarrow j}$$

[例 4 - 15] 已知某时标网络计划如图 4 - 46 所示,试确定关键线路,并计算出各非关键工作的自由时差、总时差以及最迟开始时间和最迟完成时间。

解:第一步,确定关键线路:没有波形线的线路①—③—④—⑤为关键线路。

第二步,计算自由时差:工作 A,紧后不只是虚工作,其自由时差为 0;工作 B,紧后不只是虚工作,其自由时差为 0;工作 C,波形线长即为其自由时差,即为 2;工作 D,无波形线,其自由时差为 0;工作 E,波形线长即为其自由时差,即为 1。

第三步,计算总时差:依公式算出总时差。

第四步,计算最迟时间:由于总时差 = 本工作的最迟开始时间 - 最早开始时间,或总时差 = 本工作的最迟完成时间 - 最早完成时间,因此工作的最迟开始时间 = 最早开始时间 + 总时差,即 $LS_{i\rightarrow j} = ES_{i\rightarrow j} + TF_{i\rightarrow j}$;最迟完成时间 = 最早完成时间 + 总时差,即 $LF_{i\rightarrow j} = EF_{i\rightarrow j} + TF_{i\rightarrow j}$。

本题中,各项工作的最早开始时间和最早完成时间可以由时标网络计划中直接读出,各项工作的最迟时间计算结果如表 4 - 21 所示。

表 4 - 21　最迟时间计算表

工作	最早开始时间	最早完成时间	总时差	最迟开始时间（最早开始时间 + 总时差）	最迟完成时间（最早完成时间 + 总时差）
A	0	1	0	0	1
B	0	2	0	0	2
C	1	2	2	3	4
D	2	4	0	2	4
E	2	3	1	3	4

第五节　双代号网络计划的优化

网络计划的优化是指在一定约束条件下,按既定目标对网络计划进行不断改进,以寻求满意方案的过程。网络计划的优化目标应按计划任务的需要和条件选定,包括工期目标、费用目标和资源目标。根据优化目标的不同,网络计划的优化可分为工期优化、费用优化和资源优化三种。

一、工期优化

网络计划工期优化,是指网络计划的计算工期不满足要求工期时,通过压缩关键工作的持续时间以满足要求工期目标的过程。

(一)工期优化的原则

(1)网络计划工期优化的的前提是各项工作之间逻辑关系下保持不变。

(2)按照经济合理的原则,不能将关键工作压缩成非关键工作。

(3)工期优化过程中出现多条关键线路时,必须将各条关键线路的总持续时间压缩相同数值,否则不能有效地缩短工期。

(二)工期优化的步骤

网络计划的工期优化可按下列步骤进行:

(1)确定初始网络计划的计算工期和关键线路。

(2)按要求工期计算应缩短的时间 ΔT:$\Delta T = T_c - T_r$(即应缩短时间 = 计算工期 - 要求工期)。

(3)选择应缩短持续时间的关键工作,选择压缩对象时宜在关键工作中综合考虑的因素为:缩短持续时间对质量和安全影响不大的工作;有充足备用资源的工作;缩短持续时间所需增加的费用最少的工作。

(4)将所选定的关键工作的持续时间压缩至最短,并重新确定计算工期和关键线路。若被压缩的工作变成非关键工作,则应延长其持续时间,使之仍为关键工作。

(5)当计算工期仍超过要求工期时,则重复上述(2)~(3),直至计算工期满足要求工期或计算工期已不能再缩短为止。

(6)当所有关键工作的持续时间都已达到其能缩短的极限而寻求不到继续缩短工期的方案,但网络计划的计算工期仍不能满足要求工期时,应对网络计划的原技术方案、组织方案进行调整,或对要求工期重新审定。

[例4-16] 已知网络计划如图4-47所示,箭线下方括号外为正常持续时间,括号内为最短工作历时,假定计划工期为100天,根据实际情况和考虑被压缩工作选择的因素,缩短顺序依次为B、C、D、E、G、H、I、A,试对该网络计划进行工期优化。

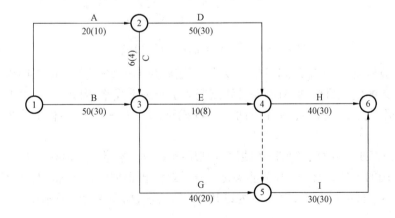

图4-47 某工程双代号网络图

解:(1)按照箭线下方括号外工作的正常持续时间,找出原始的关键线路和计算工期,如图4-48所示,原始关键线路为①—③—⑤—⑥,计算工期 $T_c = 120$(天)。

(2)计算应缩短的工期:$\Delta T = T_c - T_p = 120 - 100 = 20$(天)。

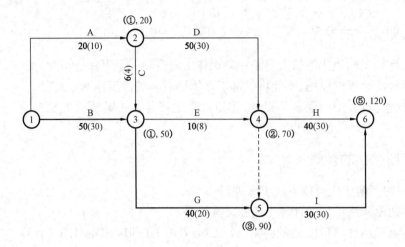

图4-48　标号法查找关键线路结果

（3）根据优选压缩顺序 B、C、D、E、G、H、I、A，首先将工作 B 的持续时间压缩到极限，（如果可行，则可以缩短 20 天，直接达到优化目标），压缩后，重新计算网络计划和关键线路，如图 4-49 所示。

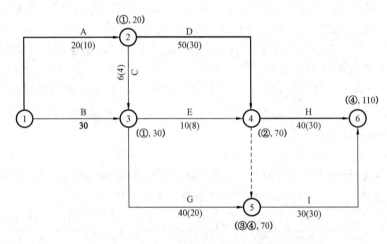

图4-49　工作 B 压缩 20 天后的关键线路

标号法计算后发现，关键线路发生了变化，压缩后为①—②—④—⑥，工期为 110 天，并未达到工期 100 天的优化目标，原有的关键线路变成了非关键线路，因此，工作 B 只能被压缩 10 天，使工作 B 仍为关键工作，此时存在两条关键线路，①—②—④—⑥和①—③—⑤—⑥，见图 4-50。

（4）两条关键线路并存，必须每条线路分别压缩 10 天，才能达到 100 天的优化目标，两条线路上没有共用的工作，工作 C、E 为非关键工作，因此，再根据优选压缩顺序 B、C、D、E、G、H、I、A，将工作 D、G 各压缩 10 天，使工期达到 100 天的要求，如图 4-51 所示。

二、费用优化（工期—成本优化）

工程建设的费用由直接费和间接费两部分组成，直接费由人工费、材料费和机械费组成，它是随工期的缩短而增加（如工期缩短，工人加班，人工费增加）；间接费属于管理费范畴，它随工期的缩短而减小，如图 4-52 所示。两者进行叠加，会有一个总费用最少的工期，对网络计划进行费用优化,就是寻找费用最低时的网络计划的工期,或者在工期固定不变的情况下,使工程项目的费用最低。

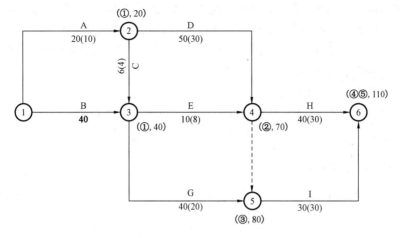

图 4-50 工作 B 压缩 10 天后的结果

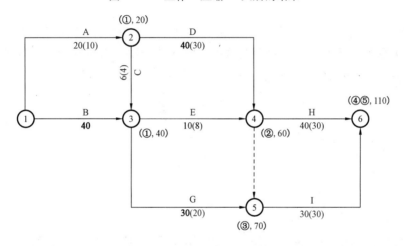

图 4-51 工作 B、D、G 各压缩 10 天后的结果

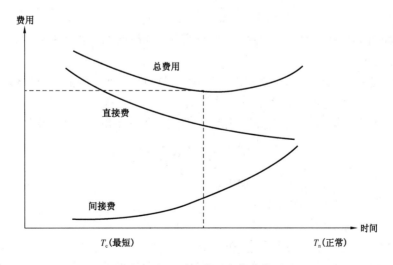

图 4-52 时间费用变化曲线

(一)费用优化的目的

建设工程项目的费用优化,就是要不断地从工作的时间和费用关系中,找出能使工期缩短而又能使直接费增加最少的工作,缩短其持续时间,同时,再考虑间接费随工期缩短而减小的情况。将不同工期的直接费与间接费分别叠加,从而求出工程费用最低时相应的最优工期或工期指定时相应的最低工程费用。

网络计划的费用优化,目的有两个:

(1)计划编制过程中,求出工程费用(C_o)最低相对应的总工期(T_o);

(2)工程项目实施过程中,寻求在规定工期条件下最低费用。

(二)费用优化的步骤

在进行进度计划编制时,为了寻求项目费用最低时的工期,费用优化(工期成本优化)的步骤如下:

(1)算出工程总直接费。工程总直接费等于组成该工程的全部工作的直接费(正常情况)的总和。

(2)算出各项工作的直接费费用率(赶工费用率)。直接费费用率是指缩短工作每单位时间所需增加的直接费,工作 $i—j$ 的直接费费用率用 ΔC_{ij}^0 表示。直接费费用率等于最短时间直接费与正常时间直接费所得之差除以正常工作历时减最短工作历时所得之差的商,即

$$\Delta C_{ij}^0 = \frac{C_{ij}^c - C_{ij}^n}{D_{ij}^n - D_{ij}^c}$$

式中　D_{ij}^n ——正常工作历时;

　　　D_{ij}^c ——最短工作历时;

　　　C_{ij}^n ——正常工作历时的直接费;

　　　C_{ij}^c ——最短工作历时的直接费。

(3)确定出间接费的费用率。工作 $i—j$ 的间接费的费用率用 ΔC_{ij}^k 表示,其值根据实际情况确定。

(4)找出网络计划中的关键线路和计算出计算工期。

(5)在网络计划中找出直接费用率(或组合费用率)最低的一项关键工作(或一组关键工作),作为压缩的对象。

(6)压缩被选择的关键工作(或一组关键工作)的持续时间,其压缩值必须保证所在的关键线路仍然为关键线路,同时,压缩后的工作历时不能小于极限工作历时。

(7)计算相应的费用增加值和总费用值(总费用必须是下降的),总费用值的计算式为

$$C_t^0 = C_{t+\Delta T}^0 + \Delta T(\Delta C_{ij}^0 - \Delta C_{ij}^k)$$

式中　C_t^0 ——将工期缩短到 t 时的总费用;

　　　$C_{t+\Delta T}^0$ ——工期缩短前的总费用;

　　　ΔT ——工期缩短值。

(8)重复以上步骤,直至费用不再降低为止。

在优化过程中,当直接费用率(或组合费率)小于间接费率时,总费用呈下降趋势;当直接

费用率(或组合费率)大于间接费率时,总费用呈上升趋势。所以,当直接费用率(或组合费率)等于或略小于间接费率时,总费用最低。

[例4-17] 已知网络计划如图4-53所示,箭线下方括号外为正常工作历时,括号内为最短工作历时,各项工作的正常历时直接费和最短历时直接费见表4-22。间接费的费用率为150元/天。试对其进行费用优化。

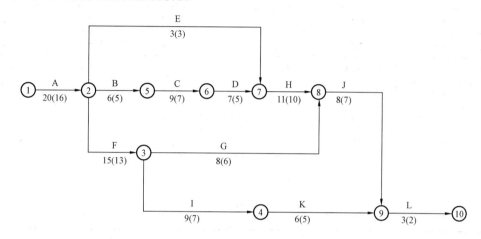

图4-53 某项目原始网络计划图

表4-22 某项目各项工作直接费情况表

工作	正常历时直接费,元	最短历时直接费,元
A	1200	1680
B	360	500
C	660	800
D	510	670
E	150	150
F	900	1100
G	570	830
H	680	760
I	420	520
J	360	400
K	360	400
L	350	440

解:第一步,计算各项工作的直接费费用率,见表4-23。

表4-23 某项目各项工作直接费费用率计算表

工作	正常历时直接费 元	最短历时直接费 元	正常历时 天	最短历时 天	可被压缩时间 天	直接费费用率	优先顺序
	1	2	3	4	3~4	(2~1)/(3~4)	
A	1200	1680	20	16	4	120	7
B	360	500	6	5	1	140	9

工作	正常历时直接费元	最短历时直接费元	正常历时天	最短历时天	可被压缩时间天	直接费费用率	优先顺序
	1	2	3	4	3~4	(2~1)/(3~4)	
C	660	800	9	7	2	70	3
D	510	670	7	5	2	80	4
E	150	150	3	3	0	不可压缩	不可压缩
F	900	1100	15	13	2	100	6
G	570	830	8	6	2	130	8
H	680	760	11	10	1	80	4
I	420	520	9	7	2	50	2
J	360	400	8	7	1	40	1
K	360	400	6	5	1	40	1
L	350	440	3	2	1	90	5

第二步,查找网络计算中的各条线路及每条线路经历的时长,如表 4-24 所示。

表 4-24　压缩步骤及压缩方案表

线路	线路时长	第 1 次压缩 J,1 天	第 2 次压缩 H,1 天	第 3 次压缩 线路 3,4 共有的 L,1 天	第 4 次压缩 线路 3,4 共有的 F,1 天	第 5 次压缩 线路 3,4 共有的 (F,1 天),+(C,1 天)
1. A-E- H-J-L	45	44	43	42	42	42
2. A-B-C- D-H-J-L	64	63	62	61	61	60
3. A-F- G-H-J-L	65	64	63	62	61	60
4. F-I- K-L	63	63	63	62	61	60
关键线路	3	3	3,4	3,4	2,3,4	2,3,4
本次压缩后费用变化		+40-150=-110	+80-150=-70	+90-150=-60	+100-150=-50	+100+70-150=+20, 停止压缩
费用变化累计		-110	-180	-240	-290	

三、资源优化(工期—资源优化)

　　网络计划的资源优化,是指根据工程项目的资源情况对网络计划进行调整,在规定工期和资源供应之间寻求相互协调和相互适应,资源优化有两种,即"资源有限,工期最短"和"工期固定,资源均衡"。

（一）"资源有限，工期最短"优化

此种优化是在满足资源限制的条件下，使工期延长幅度达到最小。优化的方法是优先安排机动时间小的工作，当机动时间相等时，优先安排持续时间短的和资源强度小的工作。

在实际施工项目中，在一定时间内，由于各方面的原因，所能得到的资源总是有一定限度的。在初始网络计划中，如果某一阶段资源的需求量超出可能供给的限度，就必须调整网络计划以解决供求矛盾。解决方法有两种：

（1）延长某些工序的持续时间，以降低某一时段资源需要强度，这要调整施工组织设计，属常规优化方法；

（2）使该时段内部分工序让路，向后推迟，推迟的时间一旦超过总时差的范围，则要延长计划工期，工期—资源的优化，就是在资源有限的情况下，尽力让延长时间最短。

该优化的步骤为：

（1）绘制带有时间坐标的网络图和资源需要量的动态曲线（简称资源动态曲线），检查资源动态曲线，找出发生资源冲突的时段。

（2）按从左到右的顺序在发生资源冲突的时段内安排引起资源矛盾的工序，将该时段内所有的工序进行优先顺序的安排，安排的原则为关键工作优先安排、总时差小的工作优先安排。

（3）按照从左到右的顺序，逐段解决资源冲突矛盾，直到最后。

[例4-18] 某建设项目原始时标网络计划如图4-54所示，箭线上方数字为各项工作每日所需劳动量，该项目的劳动力日供应量为 $R = 12$，试对该网络计划进行"资源有限，工期最短"优化。

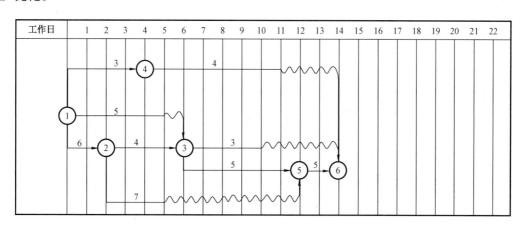

图4-54 原始时标网络计划图

解：第一步，查找关键线路为①—②—③—⑤—⑥，绘出劳动力变化曲线，如图4-55所示。

第二步，对第一时段[0，2]进行资源分配排队，结果如表4-25所示。

根据资源排队顺序，应首先安排关键工作①—②，然后再安排工作①—③和工作①—④。

因为
$$r_{1-2} + r_{1-3} = 11 < R$$

所以
$$r_{1-2} + r_{1-3} + r_{1-4} = 14 > R$$

其中，r_{1-2}是工作①—②的日资源需要量，R是劳动力日资源量。

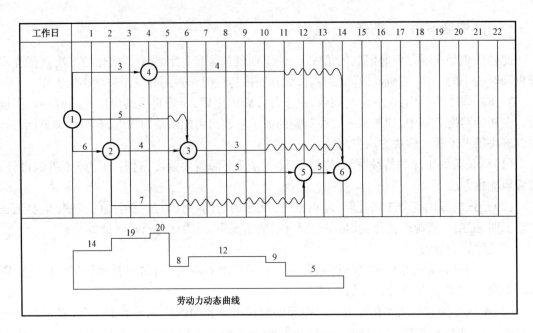

图 4 - 55　各时段劳动力变化状况

表 4 - 25　[0,2]时段的资源分配排序表

排序编号	工作	总时差(TF)
1	①—②	关键工作,0
2	①—③	1

故将工作①—④推迟到 2 天后开始,推迟后的网络计划及劳动力变化曲线如图 4 - 56 所示。

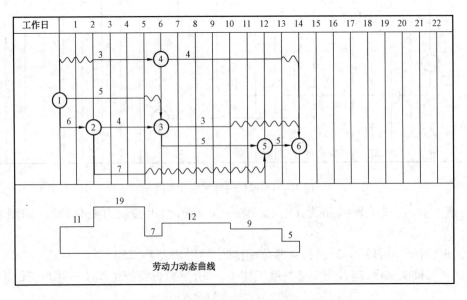

图 4 - 56　工作①—④推迟两天后的资源分布状况

第三步,对时段[2,5]进行资源分配排队,结果见表 4 - 26。

表 4 – 26　[2,5]时段的资源分配排序表

编号	工作	总时差（TF）	R_{i-j}
1	①—③	已经开始	5
2	②—③	关键工作	4
3	①—④	1	3
4	②—⑤	7	7

分析思路同第二步,可以将工作②—⑤推迟到 3 天后开始,推迟后的网络计划及劳动力变化曲线如图 4 – 57 所示。

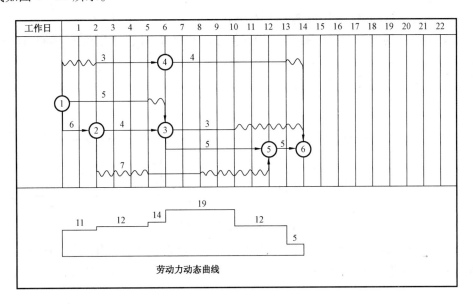

图 4 – 57　工作②—⑤推迟 3 天后的资源状况

第四步,依此类推,可以逐步优化,最终优化结果如图 4 – 58 所示。

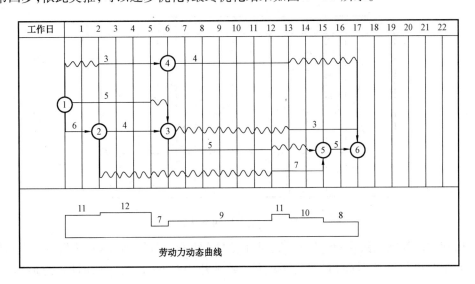

图 4 – 58　最终优化结果

(二)"工期固定,资源均衡"优化

此种优化是在保持工期不变的条件下,使资源需要量尽可能分布均衡。该优化的前提为:

(1)网络计划一经制定,在优化过程中不得改变各工序的持续时间。

(2)各工序每天的资源需要是均衡的,合理的,优化过程中不予改变。

(3)除规定可以中断的工序外,其他工序均应连续作业。

(4)优化过程中不得改变网络计划各工序间的逻辑关系。

复习思考题

1. 为什么说时标网络计划中实箭线后的波形线长度就是自由时差?

2. 已知网络计划如图 4-59 所示,试用间接方法和直接方法分别绘制时标网络计划。

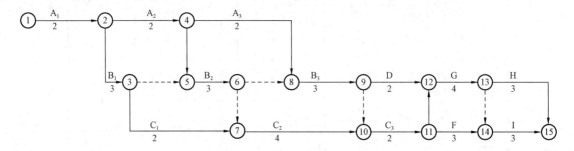

图 4-59 某网络计划图

3. 上题绘制完成时标网络计划后,找出其关键路线和关键工作,并求各项工作的六个时间参数:最早开始时间、最早完成时间、最迟开始时间、最迟完成时间、总时差和自由时差。

4. 已知某时标网络计划如图 4-60 所示,试确定关键线路,并计算出各非关键工作的自由时差、总时差,并计算最迟开始时间和最迟完成时间。

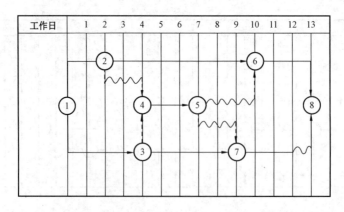

图 4-60 某时标网络计划图

5. 已知网络计划如图 4-61 所示,试用直接方法绘制时标网络计划,然后找出关键线路,计算各工作的最早开始时间、最早完成时间、最迟开始时间、最迟完成时间、总时差和自由时差。

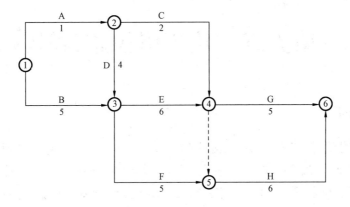

图 4 - 61　某网络计划图

第五章　施工组织总设计

📖 【学习指导】

　　本章主要阐述了施工组织总设计的内容和编制方法,包括工程概况、总体施工部署、主要施工方法、施工总进度计划、总体施工准备、主要资源配置计划以及施工总平面布置等方面的内容。施工组织总设计是以整个建设项目或群体工程为对象编制的,是整个建设项目或群体工程施工准备和施工的全局性、指导性文件。本章的教学目的是使学生了解施工组织总设计(也称施工总体规划)的编制原则、依据和内容;能根据相关资料编写具有一定深度的施工组织总设计;掌握施工总进度计划编制的步骤和方法;掌握施工总平面布置的原则、步骤和方法;掌握总体施工部署和主要施工方法方面的内容。

　　施工组织总设计(也称施工总体规划),是从全局出发,为整个项目的施工所做的全面的战略部署,是为施工生产建立施工条件、集结施工力量、组织物资资源的供应以及进行现场生产与生活临时设施规划的依据,也是施工企业编制年度施工计划和单位工程施工组织设计的依据,是实现建筑企业科学管理、保证最优完成施工任务的有效措施。

　　施工组织总设计一般由建设总承包公司或大型工程项目经理部的总工程师主持编制。施工组织总设计应由总承包单位技术负责人审批。

第一节　概　　述

一、施工组织总设计编制的原则

　　在组织施工或编制施工组织设计时,应根据施工的特点和以往积累的经验,遵循以下几项原则:

　　(1)符合施工合同或招标文件中有关工程进度、质量、安全、环境保护、造价等方面的要求。严格遵守工期定额和合同规定的工程竣工及交付使用期限。总工期较长的大型建设项目,可根据生产需要,分期分批安排建设、配套投产或交付使用,以缩短工期,尽早产生效益。在确定分期分批施工项目时,必须注意使每期交工的项目可以独立发挥效用,使主要项目同有关的附属辅助项目同时完工,以便完工后可以立即交付使用。

　　(2)坚持科学的施工程序和合理的施工顺序,采用流水施工和网络计划等方法,科学配置资源,合理布置现场,采取季节性施工措施,实现均衡施工,达到合理的经济技术指标。

　　(3)采取技术和管理措施,推广建筑节能和绿色施工。尽量利用已有设施,以减少各种暂设工程;尽量利用当地资源,合理安排运输、装卸与储存作业,减少物资运输量,避免二次搬运;精心进行场地规划布置,节约施工用地,不占或少占农田,防止施工事故,做到文明施工。

　　(4)选择施工方案时,要积极采用新材料、新设备、新工艺和新技术,努力为新结构的推行创造条件。要注意结合工程特点和现场条件,使技术的先进适用性和经济合理性相结合,防止单纯追求先进而忽视经济效益的做法;还要符合施工验收规范、操作规程的要求,遵守有关防火、保安及环保等规定,确保工程质量和施工安全。

(5)与质量、环境和职业健康安全三个管理体系有效结合。为保证持续满足过程能力和质量保证的要求,企业应进行质量、环境和职业健康安全管理体系的认证。

二、施工组织总设计的编制依据

为了保证施工组织总设计的编制工作的顺利进行,提高其编制水平及质量,使施工组织总设计更能结合实际、切实可行,并能更好地发挥其指导施工安排、控制施工进度的作用,应以下列资料作为编制依据:

(1)与工程建设有关的法律、法规和文件。

(2)我国现行有关标准和技术经济指标。主要有施工及验收规范、质量标准、工艺操作规程、HSE 强制标准、概算指标、概预算定额、技术规定和技术经济指标等。

(3)工程所在地区行政主管部门的批准文件,建设单位对施工要求的文件。包括政府或有关部门批准的基本建设或技术改造项目的计划、可行性研究报告、工程项目一览表、分批分期施工的项目一览表和投资计划;建设地点所在地区主管部门有关批件;施工单位上级主管部门下达的施工任务计划;招投标文件及签订的工程承包合同中的有关施工要求的规定;工程所需材料、设备的订货合同以及引进材料、设备的供货合同等。

(4)工程设计文件。包括批准的初步设计(或扩大初步设计)文件,设计说明书,总概算(或修正总概算)文件和已批准的计划任务书等。

(5)工程施工范围内的现场条件,工程地质及水文地质、气象等自然条件。勘查资料包括地形、地貌、水文、地质、气象等自然条件;调查资料包括可能为建设项目服务的建筑安装企业、预制加工企业的人力、设备、技术与管理水平等情况,工程材料的来源与供应情况、交通运输情况以及水电供应情况等建设地区的技术经济条件,还包括当地政治、经济、文化、科技、宗教等社会调查资料。

(6)与工程有关的资源供应情况。

(7)施工企业的生产能力、机具设备状况、技术水平等。

(8)类似资料,如类似、相似或近似建设项目的施工组织总设计实例、施工经验的总结资料及有关的参考数据等。

三、施工组织总设计的编制程序

施工组织总设计的编制程序如下:

(1)熟悉设计文件、研究原始资料,如计划批准文件、设计文件等,进行施工现场调查研究,收集有关的基础资料。

(2)确定施工部署,分析整理调查的资料,听取建设单位及相关单位的意见,以确定施工部署。

(3)拟定施工方案、技术组织措施,估算工程量。

(4)编制施工总进度计划。

(5)编制各项资源需要量计划(包括编制劳动力需要量计划;材料、预制件、成品、构件需要量计划和运输计划;施工机具设备需用量计划)。

（6）编制施工准备工作计划（包括调查研究、资料的收集、技术资料的准备、施工现场的准备、物资的准备、施工人员的准备和季节施工的准备等内容）。

（7）编制施工总平面图。

（8）计算主要技术经济指标。

（9）整理上报审批。

四、施工组织总设计的内容

根据工程性质、规模、建筑结构的特点、施工的复杂程度和施工条件的不同，其内容也有所不同，但一般应包括以下主要内容：工程概况、总体施工部署和主要施工方法、施工总进度计划、总体施工准备和主要资源配置计划、施工总平面布置、主要施工管理计划等部分。

本章简要介绍前面的基本内容，最后一部分的内容将在第六章中介绍。

第二节　工　程　概　况

施工组织总设计中的工程概况，实际上是一个总的说明，是对拟建项目或建筑群体工程所做的一个简明扼要、重点突出的文字介绍。工程概况应包括项目主要情况和项目主要施工条件等。

一、项目主要情况

项目主要情况应包括下列内容：

（1）项目名称、性质、地理位置和建设规模。项目性质可分为工业和民用两大类，应简要介绍项目的使用功能；建设规模可包括项目的占地总面积，投资规模（产量）、分期分批建设范围等。

（2）项目的建设、勘查、设计和监理等相关单位的情况。

（3）项目设计概况。项目设计概况应当简要介绍项目的建筑面积、建筑高度、建筑层数、结构形式、建筑结构、建筑抗震设防烈度、装饰用料、安装工程和机电设备的配置等情况。

（4）项目承包范围及主要分包工程范围。

（5）施工合同或招标文件对项目施工的重点要求。

（6）其他应说明的情况。

为了更清晰地反映这些内容，也可利用附图或表格等不同形式予以说明。

二、项目主要施工条件

项目主要施工条件应包括下列内容：

（1）项目建设地点气象状况，包括项目建设地点的气温、雨、雪、风和雷电等气象变化情况，冬、雨期的期限和冬季土的冻结深度等情况。

（2）项目施工区域地形和工程水文地质状况，包括项目施工区域地形变化和绝对标高，地质构造、土的性质和类别、地基土的承载力，河流流量和水质，最高洪水和枯水期期水位，地下水位的高低变化，含水层的厚度、流向、流量和水质等情况。

（3）项目施工区域地上、地下管线及相邻的地上、地下建（构）筑物情况。

（4）与项目施工有关的道路、河流等状况。

（5）当地建筑材料、设备供应和交通运输等服务能力状况。包括建设项目的主要材料、特殊材料、生产工艺设备的供应条件及交通运输条件等。

（6）当地供电、供水、供热和通信能力状况。主要是根据当地供电、供水、供热和通信情况，按照施工需求描述相关资源提供能力及解决方案。

（7）其他与施工有关的主要条件。

第三节　总体施工部署和主要施工方法

一、总体施工部署

施工部署是在充分了解工程情况、施工条件和建设要求的基础上，对整个建设项目所进行的全面安排和解决工程施工中的重大问题的方案，是编制施工总进度计划的前提。施工部署的内容和侧重点，根据建设项目的性质、规模和客观条件不同而有所不同。

（一）宏观部署

施工组织总设计应对项目总体施工做出下列宏观部署。

1. 确定项目施工总目标

项目施工总目标包括进度、质量、安全、环境和成本目标等。目标的制定应结合企业的发展规划来制订切实可行的具体目标。

2. 确定项目分阶段（期）交付的计划

根据项目施工总目标的要求，确定项目分阶段（期）交付的计划。建设项目通常是由若干个相对独立的投产或交付使用的子系统组成；如大型工业项目有主体生产系统、辅助生产系统和附属生产系统之分，住宅小区有居住建筑、服务性建筑和附属性建筑之分；可以相据项目施工总目标的要求，将建设项目划分为分期（分批）投产或交付使用的独立交工系统；在保证工期的前提下，实行分期分批建设，既可使各具体项目迅速建成，尽早投入使用，又可在全局上实现施工的连续性和均衡性，减少暂设工程数量，降低工程成本。

3. 确定项目分阶段（期）施工的合理顺序及空间组织

根据所确定的项目分阶段（期）交付计划，合理地确定每个单位工程的开竣工时间，划分各参与施工单位的工作任务，明确各单位之间分工与协作的关系，确定综合的和专业化的施工组织，保证先后投产或交付使用的系统都能够正常运行。确定合理的工程建设项目开展顺序，主要考虑以下几个方面：

（1）在保证工期的前提下，实行分期分批建设。这样，既可以使每一具体项目迅速建成，尽早投入使用，又可在全局上取得施工的连续性和均衡性，以减少暂设工程数量，降低工程成本，充分发挥项目建设投资的效果。一般大型工业建设项目都应在保证工期的前提下分期分批建设。这些项目的每一个车间都不是孤立的，它们分别组成若干个生产系统，在建造时，需要分几期施工，各期工程包括哪些项目，要根据生产工艺要求、建设部门要求、工程规模大小和施工难易程度、资金状况、技术资源情况等确定。同一期工程应是一个完整的系统,以保证各生产系统能够按期投入生产。

(2)各类项目的施工应统筹安排,保证重点,确保工程项目按期投产。一般情况下,应优先考虑的项目是:按生产工艺要求,需先期投入生产或起主导作用的工程项目;工程量大,施工难度大,需要工期长的项目;运输系统、动力系统,如厂内外道路、铁路和变电站;供施工使用的工程项目,如各种加工厂、搅拌站等附属企业和其他为施工服务的临时设施;生产上优先使用的机修、车库、办公及家属宿舍等生活设施。

(3)一般工程项目均应按先地下、后地上,先深后浅,先干线后支线的原则进行安排。如地下管线和筑路的程序,应先铺管线,后筑路。

(4)考虑季节对施工的影响。如:大规模土方和深基础土方施工一般要避开雨季,寒冷地区应尽量使房屋在入冬前封闭,在冬季转入室内作业和设备安装。

(二)其他工作的部署

(1)对项目施工的重点和难点应进行简要分析,主要是针对工程项目施工中的重点和难点进行分析,提出应对措施。

(2)总承包单位应明确项目管理组织机构形式,并宜采用框图的形式表示。项目管理组织机构形式应根据施工项目的规模、复杂程度、专业特点、人员素质和地域范围确定。大中型项目宜设置矩阵式项目管理组织,远离企业管理层的大中型项目宜设置事业部式项目管理组织,小型项目宜设置直线职能式项目管理组织。

(3)对于项目施工中开发和使用的新技术、新工艺应做出部署。根据现有的施工技术水平和管理水平,对项目施工中开发和使用的新技术、新工艺应做出规划并采取可行的技术、管理措施来满足工期和质量等要求。

(4)对主要分包项目施工单位的资质和能力应提出明确要求。

二、主要工种工程的施工方法

施工组织总设计要制定一些单位(子单位)工程和主要分部(分项)工程所采用的施工方法,这些工程通常是建设项目中工程量大、施工难度大、工期长、在整个建设项目中起关键作用的单位工程项目以及影响全局的主要分部(分项)工程。制定主要工程项目施工方法是为了进行技术和资源的准备工作,同时也是为了施工进程的顺利开展和现场的合理布置,对施工方法的确定要兼顾技术工艺的先进性、可操作性以及经济上的合理性,其主要内容应包括:

(1)施工方法的确定,要求兼顾技术的先进性和经济的合理性。

(2)施工工艺流程的确定,要求兼顾各工种各施工段的合理搭接。

(3)施工机械设备的安排,既能使主导机械满足工程需要,又能发挥其效能,使各大型机械在各工程上进行综合流水作业,减少装、拆、运的次数,辅助配套机械的性能应与主导机械相适应。其中,施工方法和施工机械设备应重点组织安排。

此外,施工组织总设计应对项目涉及的单位(子单位)工程和主要分部(分项)工程所采用的施工方法进行简要说明,并且对脚手架工程、起重吊装工程、临时用水用电工程、季节性施工等专项工程所采用的施工方法也应进行简要说明。

第四节 施工总进度计划

施工总进度计划是以拟建项目交付使用时间为目标而确定的控制性施工进度计划,是控制整个建设项目的施工工期及其各单位工程施工期限和相互搭接关系的依据。正确地编制施工总进度计划,是保证各个系统以及整个建设项目如期交付使用、充分发挥投资效果、降低建筑成本的重要条件。

一、施工总进度计划编制的原则、依据和内容

(一)施工总进度计划编制的原则

(1)合理安排施工顺序,保证劳动力、物资以及资金消耗量最少的情况下,按规定的工期完成拟建工程施工任务。

(2)采用合理的施工方法,使建设项目的施工连续、均衡地进行。

(3)节约各项施工费用。

(二)施工总进度计划编制的依据

施工总进度计划应按照项目总体施工部署的安排进行编制。应依据施工合同、施工进度目标、有关技术经济资料,并按照总体施工部署确定的施工顺序和空间组织等进行编制。

(三)施工总进度计划编制的内容

施工总进度计划可采用网络图或横道图表示,并附必要说明。施工总进度计划的内容应包括:编制说明,施工总进度计划表(图),分期(分批)实施工程的开、竣工日期,工期一览表等。施工总进度计划宜优先采用网络计划,网络计划应按国家现行标准《网络计划技术》(GB/T 13400)及行业标准《工程网络计划技术规程》(JGJ/T 121)的要求编制。

二、施工总进度计划的编制步骤和方法

施工总进度计划一般按下述步骤进行。

(一)计算工程项目及全工地性工程的工程量

施工总进度计划主要起控制总工期的作用,因此在列工程项目一览表时,项目划分不宜过细。通常按分期分批投产顺序和工程开展顺序列出工程项目,并突出每个交工系统中的主要工程项目。一些附属项目及一些临时设施可以合并列出。

根据批准的总承建工程项目一览表,计算主要实物工程量。此时,计算工程量的目的是为了选择施工方案和主要的施工运输机械;初步规划主要施工过程和流水施工;估算各项目的完成时间;计算劳动力及技术物资的需要量,这些工程量只需粗略地计算即可。计算工程量,可按初步(或扩大初步)设计图纸并根据各种定额手册进行计算。常用的定额资料有:

(1)万元、十万元投资工程量,劳动力及材料消耗扩大指标。这种定额规定了某一种结构类型建筑,每万元或每十万元投资的劳动力消耗数量、主要材料消耗量。根据图纸中的结构类

型,即可估算出拟建工程分项需要的劳动力和主要材料消耗量。

(2)概算指标和扩大结构定额。这两种定额都是预计定额的进一步扩大(概算指标是以建筑物的每100m³体积为单位;扩大结构定额是以每100m²建筑面积为单位)。查定额时,分别按建筑物的结构类型、跨度、高度分类,查出这种建筑物按拟定单位所需的劳动力和各项主要材料消耗量,从而推出拟计算项目所需要的劳动力和材料的消耗量。

(3)标准设计或已建的类似建筑物、构筑物的资料。在缺少上述几种定额手册的情况下,可采用标准设计或已建类似工程实际材料、劳动力的消耗量,按比例估算。但由于和拟建工程完全相同的已建工程是比较少见的,因此在利用已建工程的资料时,一般都应进行必要的换算调整。这种消耗指标都是各单位多年积累的经验数字,实际工作中常用这种方法。

除建设项目本身外,还必须计算主要的全工地性工程的工程量,例如铁路及道路长度、地下管线长度、场地平整面积等,这些数据可以从建筑总平面图上求得。按上述方法计算出的工程量填入统一的工程项目一览表,可参照表5-1所示。

表5-1 工程项目工程量汇总表

工程项目分类	工程项目名称	结构类型	建筑面积100m²	幢数个	概算投资万元	主要实物工程量							
						场地平整1000m²	土方工程1000m²	桩基工程100m²	…	砌筑工程100m²	钢筋混凝土工程100m²	…	装饰工程1000m²	…
主体项目													
辅助项目													
永久住宅													
临时建筑													
全工地工程													
…													
合计													

(二)确定各单位工程的施工期限

单位工程的工期可参阅工期定额(指标)予以确定。工期定额是根据我国各相关部门多年来的经验,经分析汇总而成。单位工程的施工期限与建筑类型、结构特征、施工方法、施工技术、管理水平以及现场的施工条件等因素有关,故确定工期时应予以综合考虑,但总工期应控制在合同工期以内。

(三)确定单位工程的开工、竣工时间和相互搭接关系

根据施工部署及单位工程施工期限,就可以安排各单位工程的开竣工时间和相互搭接时间,但对每一建筑物何时开工、何时竣工尚未确定。在解决这一问题时,主要考虑以下因素:

(1)保证重点,兼顾一般。在安排进度时,要分清主次,抓住重点,同一时期的开工项目不宜过多,以免人力物力的分散。优先安排一些工程规模大、施工难度大、施工工期长以及需要先配套使用的单位工程。

(2)满足连续、均衡施工的要求。尽量使劳动力和技术物资消耗量在全工程上均衡。做

到土建施工、设备安装和试生产之间在时间的综合安排上、每个项目和整个建设项目的安排上比较合理。确定一些次要工程作为后备项目,用以调节主要项目的施工进度。

（3）合理布置施工现场。

（四）编制施工总进度计划

施工总进度计划可以用横道图表达,也可以用网络图表达。用网络图表达时,应优先采用时标网络图。采用时标网络图比横道计划更加直观、易懂、一目了然、逻辑关系明确,并能利用电子计算机进行编制、调整、优化,统计资源消耗数量、绘制并输出各种图表。

由于施工总进度计划只是起控制各单位工程或各分部工程的开工、竣工时间的作用,因此不必编制得过细,以单位工程或分部工程作为施工项目名称即可,否则会给计划的编制和调整带来不便。施工总进度计划的绘制步骤如下:

（1）根据施工项目的工期和相互搭接时间,编制施工总进度计划的初步方案。

（2）在进度计划的下面绘制投资、工作量、劳动力等主要资源消耗动态曲线图,并对施工总进度计划进行综合调整,使之趋于均衡。

（3）绘制正式的施工总进度计划,可参考表5-2的格式。

表5-2 施工总进度计划表一例

序号	工程项目名称	结构类型	建筑面积 m²	工程量	施工进度表											
					第一年						第二年					
					第三季度			第四季度			第一季度			第二季度		
					7	8	9	10	11	12	1	2	3	4	5	6
1	模型车间															
2	装配车间															
...	...															

第五节 总体施工准备和主要资源配置计划

施工总进度计划编制完成后,即可进行总体施工准备和主要资源配置计划的编制。其目的是确保资源的组织和供应,使项目施工能顺利进行。

一、总体施工准备

为确保工程按期开工和施工总进度计划的如期完成,应根据建设项目的施工部署、工程施工的展开程序和主要工程项目的施工方法,及时编制好全场性的总体施工准备工作计划。总体施工准备应包括技术准备、现场准备和资金准备等。

技术准备、现场准备和资金准备应满足项目分阶段（期）施工的需要。技术准备包括施工过程所需技术资料的准备、试验检验、施工方案编制计划及设备调试工作计划等;现场准备包括现场生产、生活等临时设施(如临时生产、生活用房,临时道路,材料堆放场,临时用水、用电和供热、供气等)的计划;资金准备应根据施工总进度计划编制资金使用计划。

总体施工准备工作计划可参考表5-3的格式。

表 5 – 3　总体施工准备工作计划

序号	施工准备工作内容	负责单位	负责人	涉及单位	要求完成日期	备注

总体施工准备工作应重点做好以下几方面的工作：

（1）按照建筑总平面图建立现场测量控制网。

（2）做好土地征用、居民迁移和各类障碍物的拆除或迁移工作。

（3）做好场内外运输道路、水、电、气的引入方案和施工安排，制定场地平整、全场性排水、防洪设施的规划和施工安排。

（4）安排好混凝土搅拌站、预制构件厂、钢筋加工厂等生产设施和各种生活福利设施的修建计划。

（5）做好建筑材料、预制构件、加工品、半成品、施工机具的订购、运输、存储方式等各项计划，并做好相应的准备工作。

（6）制定新技术、新材料、新工艺、新结构的试制、试验计划和职工技术培训计划。

（7）制定冬、雨期施工的技术组织措施和施工准备工作计划。

二、主要资源配置计划

通过主要实物工程量，计算主要劳动力及施工技术物资需要量，进行主要资源配置计划的编制。主要资源配置计划应包括劳动力配置计划和物资配置计划等。

（一）劳动力配置计划

劳动力配置计划应按照各工程项目工程量，并根据总进度计划，参照概（预）算定额或者有关资料确定。目前施工企业在管理体制上已普遍实行管理层和劳务作业层的两层分离，合理的劳动力配置计划可减少劳务作业人员不必要的进、退场或避免窝工状态，进而节约施工成本。劳动力配置计划应包括下列内容：

（1）确定各施工阶段（期）的总用工量。

（2）根据施工总进度计划确定各施工阶段（期）的劳动力配置计划。

劳动力配置计划表可参照表 5 – 4 的格式。

表 5 – 4　劳动力配置计划表

序号	工程名称	施工高峰需用人数	第一年				第二年				现有人数	多余（＋）或不足（－）
			一季	二季	三季	四季	一季	二季	三季	四季		

（二）物资配置计划

物资配置计划应根据总体施工部署和施工总进度计划，确定主要物资的计划总量及进、退场时间。物资配置计划是组织建筑工程施工所需各种物资进、退场的依据，科学合理的物资配置计划既可保证工程建设的顺利进行，又可降低工程成本。物资配置计划应包括下列内容：

（1）根据施工总进度计划确定主要工程材料和设备的配置计划。

（2）根据总体施工部署和施工总进度计划确定主要周转材料和施工机具的配置计划。

据此,物资配置计划应当包括主要工程材料需用量计划、构件(或成品、半成品)需用量计划、主要施工机具和设备需用量计划等。具体格式可参照表5-5、表5-6、表5-7。

表5-5 主要工程材料需用量计划表

工程名称	主要材料								
	型钢,t	钢板,t	钢筋,t	木材,m³	水泥,t	砖,千块	砂,m³	石子,m³	…

表5-6 施工机具、设备配置计划表

序号	机具、设备名称	规格型号	数量				配置方式及费用	进场时间	退场时间	备注
			单位	需用量	现有	不足				

表5-7 主要施工周转材料配置计划表

序号	周转材料名称	规格型号	数量				配置方式及费用	备注
			单位	需用量	现有	不足		

第六节 施工总平面布置

施工总平面布置是在拟建项目施工场地范围内,按照施工部署和施工总进度计划的要求,将拟建项目和各种临时设施进行合理部署的总体布置图,并以图纸的形式表达出来,是施工组织总设计的核心内容之一,也是现场文明施工、节约施工用地、减少各种临时设施数量、降低工程费用的先决条件。

一、施工总平面布置的原则和内容

(一)施工总平面布置的原则

施工总平面布置应当做到平面紧凑合理、施工流程便捷、运输方便通畅、临建费用降低,并做到便于生产生活、保护生态环境、安全可靠。具体应符合下列原则:

(1)平面布置科学合理,施工场地占用面积少。这是指少占农田、减少施工用地,充分调配各方面的布置位置,使其合理有序。

(2)合理组织运输,减少二次搬运。在保证运输方便畅通的情况下,减少运输费用,保证水平运输和垂直运输畅通无阻,避免或者减少出现二次搬运的现象,尽可能减少费用。

(3)施工区域的划分和场地的临时占用应符合总体施工部署和施工流程的要求,减少相互干扰。施工现场区域的划分应尽量减少各工种之间的相互干扰,充分调配人力、物力和场地,保持施工均衡、连续、有序。

(4)充分利用既有建(构)筑物和既有设施为项目施工服务降低临时设施的建造费用。应尽量少建临时性设施的建造,充分利用现有建筑,作为办公、生活福利等用房,以降低临建费用。

（5）临时设施应方便生产和生活，办公区、生活区和生产区宜分离设置。临时设施的设置应符合相关的规定和要求，尽量为生产工人提供方便的生产生活条件。

（6）符合节能、环保、安全和消防等要求。施工现场及周围环境需要注意保护，如能保留的树木应尽量保留，对文物及有价值的物品应采取保护措施，不应对周围的水源造成污染，垃圾、废土、废料、废水不随便乱堆、乱放、乱泄等，做到文明施工。施工中应特别加强安全防护，重视施工人员的人身安全，尤其不要出现影响人身安全的事故，安全施工，杜绝火灾事故的发生。

（7）遵守当地主管部门和建设单位关于施工现场安全文明施工的相关规定。

（二）施工总平面图的布置要求

施工总平面布置应按照项目分期（分批）施工计划进行布置，并绘制总平面置图。一些特殊的内容，如现场临时用总电、临时用水布置等，当总平面布置图不能清晰表示时，也可单独绘制平面布置图。平面布置图绘制应有比例关系，各种临设应标注外围尺寸，并应有文字说明。施工总平面布置图具体应符合下列要求：

（1）根据项目总体施工部署，绘制现场不同施工阶段（期）的总平面布置图。

（2）施工总平面布置图的绘制应符合国家相关标准要求并附必要说明。

（三）施工总平面图设计的依据

施工总平面图设计的依据主要有以下几方面：

（1）设计资料，包括建筑总平面图、地形地貌图、区域规划图，还包括建设项目范围内有关的一切已有的和拟建的各种地上、地下设施及位置图。

（2）建设地区资料，包括当地的自然条件和经济技术条件，当地的资源供应状况和运输条件等。

（3）建设项目的建设概况，包括施工方案、施工总进度计划，以便了解各施工阶段情况，合理规划施工现场。

（4）物资需求资料，包括建筑材料、构件、加工品、施工机械、运输工具等物资的需要量表，以便规划现场内部的运输线路和材料堆场等位置。

（5）各构件加工厂、仓库、临时性建筑的位置和尺寸。

（四）施工总平面布置图的内容

施工现场所有设施、用房应由总平面布置图表述，避免采用文字叙述的方式。施工总平面布置图应包括下列内容：

（1）项目施工用地范围内的地形状况。

（2）全部拟建的建筑物（构造物）和其他基础设施的位置。包括建设项目的一切地上、地下的拟建建筑物、构筑物及其他设施的位置和尺寸。

（3）项目施工用地范围内的加工设施、运输设施、存储设施、供电设施、供水供热设施、排水排污设施、临时施工道路和办公、生活用房等。

（4）施工现场必备的安全、消防、保卫和环境保护等设施。

（5）相邻的地上、地下既有建（构）筑物及相关环境。

二、施工总平面布置图的设计方法

施工总平面图布置图的设计步骤为:场外交通的引入→布置仓库→布置加工厂和混凝土搅拌站→布置内部运输道路→布置临时水电管网和其他动力设施→绘制施工总平面图。

(一)场外交通的引入

设计全工地性的施工总平面图,首先应解决大宗材料进入工地的运输方式。如铁路运输需将铁轨引入工地,水路运输需考虑修建码头、仓储和转运问题,公路运输需考虑运输路线的布置问题等。

(1)铁路运输方式:一般大型工业企业都设有永久性铁路专用线,通常提前修建,以便为工程项目施工服务。由于铁路的引入将严重影响场内施工的运输和安全,因此,一般先将铁路引入到工地两侧,当整个工程进展到一定程度,工程可分为若干个独立施工区域时,才可以把铁路引到工地中心区。此时铁路对每个独立的施工区都不应有干扰,处于各施工区的外侧。

(2)水路运输方式:当大量物资由水路运输时,就应充分利用原有码头的吞吐能力。当原有码头吞吐能力不足时,应考虑增设码头,其码头的数量不应少于两个,且宽度应大于2.5m,一般用石或钢筋混凝土结构建造。一般码头距工程项目施工现场有一定距离,故应考虑在码头修建仓储库房以及从码头运往工地的运输问题。

(3)公路运输方式:当大量物资由公路运进现场时,由于公路布置较为灵活,一般将仓库、加工厂等生产性临时设施布置在最方便、最经济合理的地方,而后再布置通向场外的公路线。

(二)仓库的布置

仓库通常考虑设置在运输方便、位置适中、运距较短并且安全防火的地方,并应区别不同材料、设备和运输方式来设置。仓库和材料堆场的布置应考虑下列因素:

(1)尽量利用永久性仓储库房,以节约成本。

(2)仓库和堆场位置距离使用地应尽量近,以减少二次搬运的工作。

(3)当有铁路时,尽量布置在铁路线旁边,并且留够装卸前线,而且应设在靠工地一侧,避免内部运输跨越铁路。

(4)根据材料用途设置仓库和材料堆场。砂、石、水泥等应在搅拌站附近;钢筋、木材、金属结构等在相应加工厂附近;油库、氧气库等布置在相对僻静、安全的地方;设备尤其是笨重设备应尽量在车间附近;砖、瓦和预制构件等直接使用材料应布置在施工现场,吊车控制半径范围之内。

(三)加工厂布置

加工厂一般包括混凝土搅拌站、构件预制厂、钢筋加工厂、木材加工厂、金属结构加工厂等。布置这些加工厂时,主要考虑的问题是:运往需要地点的总运输费用最小,而且加工厂的生产和工程项目的施工互不干扰。

(1)搅拌站布置:根据工程的具体情况,可采用集中、分散或集中与分散相结合三种方式布置。当现浇混凝土量大时,宜在工地设置现场混凝土搅拌站;当运输条件好时,采用集中搅拌最有利;当运输条件较差时,则宜采用分散搅拌。

(2)预制构件加工厂布置:一般建在空闲区域,既能安全生产,又不影响现场施工。

(3)钢筋加工厂:根据不同情况,采用集中或分散布置。对于冷加工、对焊、点焊的钢筋网等宜集中布置;设置中心加工厂,其位置应靠近构件加工厂;对于小型加工件,利用简单机具即可加工的钢筋,可在靠近使用地分散设置加工棚。

(4)木材加工厂:根据木材加工的性质、加工的数量,选择集中或分散布置。一般原木加工批量生产的产品等加工量大的应集中布置在铁路、公路附近,简单的小型加工件可分散布置在施工现场搭设的几个临时加工棚中。

(5)金属结构、焊接、机修等车间的布置:由于相互之间生产上联系密切,应尽量集中布置在一起。

(四)内部运输道路的布置

根据各加工厂、仓库及各施工对象的相对位置,对货物周转运行图进行反复研究,区分主要道路和次要道路,进行道路的整体规划,以保证运输畅通,车辆行驶安全,节省造价。在内部运输道路布置时应考虑以下几要求:

(1)尽量利用拟建的永久性道路。将它们提前修建,或先修路基,铺设简易路面,项目完成后再铺路面。

(2)保证运输畅通。道路应设两个以上的进出口,避免与铁路交叉,一般厂内主干道应设成环形,其主干道应为双车道,宽度不小于6m,次要道路为单车道,宽度不小于3m。

(3)合理规划拟建道路与地下管网的施工顺序。在修建拟建永久性道路时,应考虑道路下的地下管网,避免将来重复开挖,尽量做到一次性到位,节约投资。

(五)消防设施的布置

根据工程防火要求,应设立消防站,一般设置在易燃建筑物(木材、仓库等)附近,并须有通畅的出口和消防车道,其宽度不宜小于6m,与拟建房屋的距离不得大于25m,也不得小于5m;沿道路布置消火栓时,其间距不得大于10m,消火栓到路边的距离不得大于2m。

(六)行政与生活临时设施设置

临时性房屋一般有办公室、汽车库、职工休息室、开水房、浴室、食堂、商店、俱乐部等。布置时应考虑以下几方面的要求:

(1)全工地性管理用房(办公室、门卫等),应设在工地入口处。

(2)工人生活福利设施(商店、俱乐部、浴室等),应设在工人较集中的地方。

(3)食堂可布置在工地内部或工地与生活区之间。

(4)职工住房应布置在工地以外的生活区,一般距工地500~1000m为宜。

(七)工地临时供水、供电系统的设置

设置临时性水网时,应尽量利用可用的水源,最好采用附近居民区现有的供水管道供水。一般排水干管沿主干道布置,纵向坡度不小于0.2%,过路处设涵管,水池、水塔等储水设施应设在地势较高处,主要供水管网应采用环形布置;过冬的管网要采取保温措施或埋在冰冻线以下。消火栓间距不大于120m,距拟建建筑不小于5m也不大于25m,距路边不大于2m。

(八)工地临时供电系统的布置

布置临时性电管网也应尽量利用可用的电源。输电线宜沿主干道布置;总变电站应设在

高压电入口处,高压线不得穿越工地,临时自备发电设备应设置在现场中心或靠近主要用电区域。管线过路处,均应套铁管,并埋入地下0.6m处。

三、施工总平面布置图的绘制

施工总平面图是施工组织总设计的重要内容,也是要归入档案的技术文件之一。因此,施工总平面图设计完成之后,就应认真贯彻其设计意图,仔细绘制,以真正发挥其作用。其绘制步骤如下:

(1)图幅和绘图比例大小的确定:图幅和绘图比例要根据工地大小及布置内容的多少来确定。图幅一般可选用1~2号图纸幅面,比例通常采用1:1000或1:2000。

(2)设计和规划图面:施工总平面图除了总平面图要表现的内容以外,还应有指北针(或风向玫瑰图)、图例、文字说明等,要规划出合适的位置和大小。

(3)绘制施工总平面布置图的相关内容:根据现场测量的方格网,将拟建工程和场内外已建的建筑物和构造物、道路及施工用地范围内的地形变化情况等,按比例将其相应的位置和尺寸绘制在图上。

(4)绘制工地施工所需的临时设施按相应的格式将项目施工用地范围内的加工设施、运输设施、存储设施、供电设施、供水供热设施、排水排污设施,绘制在图上。

(5)施工现场必备的安全、消防、保卫和环境保护等设施主要包括施工现场必备的安全、消防设施的种类、分布、数量,保卫和环境保护设施的位置和数量。

(6)形成施工总平面图:在进行各项总平面图内容的绘制之后,经分析比较、调整修改,形成施工总平面图,并作必要的文字说明,再绘制图名、比例、图例、指北针等。要求绘制完成的施工总平面图比例正确、图例规范、线型线宽明确、字体合适、图面整洁美观,并用电子计算机进行绘制。

复习思考题

1. 请简述施工组织总设计的编制原则和依据。
2. 施工组织总设计的内容主要有哪些?
3. 请简述施工总进度计划的编制步骤。
4. 总体施工准备应当准备哪些内容?
5. 编制施工总平面图设计有什么内容和原则?
6. 总体施工部署应确定哪些施工总目标?
7. 确定主要施工方法应当有什么要求?

第六章 单位工程施工组织设计

【学习指导】

本章主要介绍了单位工程施工组织设计的编制程序、编制依据、内容和编制的方法,详细阐述了施工方案编制、施工进度计划编制和施工平面图设计等细节内容。通过本章的学习,要求学生掌握单位工程施工组织设计编制的依据、程序和方法,工程概况和施工准备工作的内容,重点掌握施工方案编制、施工进度计划编制和施工平面图设计这三个核心内容。学会单位施工组织设计在生产实践中的应用。

第一节 概 述

单位工程施工组织设计是以单位(子单位)工程为主要对象编制的施工组织设计,对单位(子单位)工程的施工过程起指导和制约作用。

单位工程施工组织设计是一个工程的战略部署,是宏观性的、体现指导性和原则性的,是一个将建筑物的蓝图转化为实物的指导组织各种活动的总文件。对于已经编制了施工组织总设计的项目,单位工程施工组织设计应是施工组织总设计的进一步具体化,直接指导单位工程的施工管理和技术经济活动。如果工程处于施工招投标阶段,则单位工程施工组织设计也是施工企业投标标书重要的技术经济文件之一,它在评标、定标中有着极为重要的作用。

单位工程施工组织设计需要根据工程的具体特点、建筑要求、施工条件和施工管理要求,合理选择施工方案,制定施工进度计划,规划施工现场平面布置,组织施工技术物资供应,拟定降低工程成本的技术组织措施等,是施工企业编制季度、月度施工作业计划,分部分项施工组织与技术措施,还包括劳动力,材料、构件、机具等供应计划的主要依据。

各类建筑工程项目的施工,均应编制施工组织设计,并按批准的施工组织设计进行施工。

一、单位工程施工组织设计编制的依据

单位工程施工组织设计编制的依据主要有以下几个方面:

(1)与工程建设有关的法律、法规、文件以及国家现行有关标准、规范、规程、技术经济指标等:包括施工图集、标准图集、操作规程及有关的施工验收规范、工程质量标准等。其中,技术经济指标主要指各地方的建筑工程概预算定额和相关规定。虽然建筑行业目前使用了清单计价的方法,但各地方制定的概预算定额在造价控制、材料和劳动力消耗等方面仍起一定的指导作用。

(2)工程所在地区行政主管部门的批准文件,建设单位对施工的要求:主要是在保证工程质量、保证工程工期、实现文明施工目标、实现施工减排等方面的要求和规定。另外,已经编制并批准的施工组织总设计对本单位工程的工期、质量和成本控制的要求也必须要满足。单位工程施工组织设计应当体现出施工组织总设计的总体施工部署以及对本工程施工的有关规定和要求。

（3）工程施工合同或招标投标文件：包括合同或者投标文件中所规定的工程的建设范围、工程开工、竣工日期等。

（4）工程设计文件：主要是指工程建设项目已经审核的施工图纸及标准图。包括单位工程的全套施工图纸、会审记录等有关设计资料，对于较复杂的建筑工程，还要有设备图纸和设备安装对土建施工的要求，并包括设计单位对新结构、新材料、新技术和新工艺的要求。

（5）工程施工范围内的现场条件，工程地质及水文地质、气象等自然条件：如施工现场的地形、地貌，地上与地下的障碍物、工程地质勘测报告、水文地质资料、气象资料、交通运输概况、道路情况等。

（6）与工程有关的资源供应情况：包括配备的劳动力情况，材料、预制构件来源及其供应情况，施工机具配备及其生产能力等。还包含建设单位可能提供的临时房屋数量，水、电供应量，水压、电压能否满足施工要求等。

（7）施工企业的生产能力、机具设备状况、技术水平等：主要是指施工企业所具备的技术装备、技术水平、生产业绩、有关技术新成果和类似建设工程项目的资料、经验等。

二、单位工程施工组织编制的程序

单位工程施工组织设计应由施工单位技术负责人或技术负责人授权的技术人员审批，施工方案应由项目技术负责人审批；重点、难点分部（分项）工程和专项工程施工方案应由施工单位技术部门组织相关专家评审，施工单位技术负责人批准；规模较大的分部（分项）工程和专项工程的施工方案应按单位工程施工组织设计进行编制和审批。

单位工程施工组织设计的编制程序，是指对其各个组成部分形成的先后次序以及相互之间的制约关系的处理。单位工程施工组织的编制程序如下：

（1）收集和熟悉编制施工组织设计所需的有关资料和图纸，进行项目特点和施工条件的调查和研究。

（2）计算主要工种工程的工程量。

（3）拟订施工方案和施工方法。

（4）编制施工进度计划。

（5）编制资源需要量计划和运输计划。包括施工机具、劳动力计划，还有材料、构件和加工品需要量计划。

（6）确定临时设施，并确定供水、供电和供热等线路。

（7）编制施工准备工作计划。

（8）设计施工平面图。

（9）确定主要施工管理计划。

需要说明的是，以上的程序有些是不可变化和调整的，比如：施工方案和施工进度计划的顺序，施工进度计划和资源需要量计划，都是不可变更的。而在程序当中也有一些顺序是可以根据具体项目而做一些调整或者交叉的。

三、单位工程施工组织设计的内容

（一）基本内容

一个单位工程施工组织设计应当包含施工全过程的部署、选定技术方案、进度计划及相关资源计划安排、各种组织保障措施,是对项目施工全过程的管理性文件。根据工程的性质、规模、结构特点、技术复杂程度和施工条件,单位工程施工组织设计的内容和深度可以有所不同,但一般应当包含以下基本内容:

(1)工程概况。

(2)施工部署。

(3)施工进度计划。

(4)施工准备与资源配置计划。

(5)主要施工方案。

(6)施工现场平面布置。

(7)主要施工管理计划(包括主要技术组织措施、质量保证措施和安全施工措施等)。

(二)各内容之间的关系

单位工程施工组织设计各项内容中,劳动力、材料、构件和机械设备等需要量计划、施工准备工作计划、施工现场平面布置等内容是指导施工准备工作的进行,为施工创造物质基础的技术条件。施工方案和进度计划则主要是指导施工过程的进行,规划整个施工活动的文件。工程能否按期或提前交工,主要取决于施工进度计划的安排,而施工进度计划的制订又必须以施工准备、场地条件以及劳动力、机械设备、材料的供应能力和施工技术水平等因素为基础条件。反过来,各项施工准备工作的规模和进度、施工平面图的分期布置、各种资源的供应计划等又必须以施工进度计划为依据。因此,在编制计划时,应抓住关键环节,同时处理好各方面的相互关系,重点编好施工方案、施工进度计划和施工平面布置图,即常称的"一图一案一表"。抓住这三个重点,突出技术、时间和空间三大要素,其他问题就会迎刃而解。

本章主要从工程概况、施工部署、施工进度计划、施工准备与资源配置计划、主要施工方法、施工现场平面布置及主要施工管理计划等基本内容阐述单位施工组织设计的编制。施工管理计划目前多作为管理和技术措施编制在施工组织设计中,这是施工组织设计必不可少的内容。施工管理计划涵盖很多方面的内容,在本章仅作为单位施工组织设计的一节,概要地进行阐述。

第二节　工　程　概　况

工程概况是对拟建工程所做的一个简要的、突出重点的文字介绍,工程概况的内容应尽量采用图表进行说明,做到简洁明了。工程概况应包括工程主要情况、各专业设计简介和工程施工条件等。

一、工程主要情况

工程主要情况应包括下列内容:

(1)工程名称、性质和地理位置。

(2)工程的建设、勘查、设计、监理和总承包等事务的相关单位的情况。

(3)工程承包范围和分包工程范围。

(4)施工合同、招标文件或总承包单位对工程施工的重点要求。

(5)其他应说明的情况。

工程主要情况的表格式样可参考表 6-1。

表 6-1 工程主要情况

工程名称		工程编号		工程性质		
工程建设地点						
开工日期		竣工日期		工程造价		
工程建设单位		项目负责人		联系方式		
项目总承包单位		法定代表人		联系方式		
项目分包单位		法定代表人		联系方式		
施工项目负责人		资格等级		联系方式		
勘查单位		项目负责人		联系方式		
设计单位		项目负责人		联系方式		
监理单位		项目总监		联系方式		
工程承包范围			分包工程范围			
工程施工重点简介						

二、各专业设计简介

各专业设计简介应包括下列内容:

(1)建筑设计简介应依据建设单位提供的建筑设计文件进行描述,包括建筑规模、建筑功能、建筑特点、建筑耐火、防水及节能要求等,并应简单描述工程的主要装修做法。

(2)结构设计简介应依据建设单位提供的结构设计文件进行描述,包括结构形式、地基基础形式、结构安全等级、抗震设防类别、主要结构构件类型及要求等。

(3)机电及设备安装专业设计简介应依据建设单位提供的各相关专业设计文件进行描述,包括给水、排水及采暖系统、通风与空调系统、电气系统、智能化系统、电梯系统等各个专业系统的做法要求。

各专业设计简介表格式样可参考表 6-2。

表 6-2 各专业设计简介

建筑设计简介	建筑层数		建筑高度		建筑功能	
	建筑耐火等级		建筑防水等级		建筑节能要求	
	主要装修做法	内墙	外墙	楼地面	顶棚	门窗
结构设计简介	结构类型		地基基础形式		结构安全等级	
	主要结构构件采用的类型					
机电及设备安装专业简介	给水系统			排水系统		
	采暖系统			通风空调系统		
	电气系统			智能化系统		

三、工程施工条件

工程施工条件主要是介绍项目施工所在地的气象、工程水文地质、地面及地下的情况和供水、供电、供热和通信状况，还包括道路交通运输等基本情况。项目主要施工条件应包括下列内容：

（1）项目建设地点气象状况。简要介绍项目建设地点的气温、雨、雪、风和雷电等气象变化情况以及冬、雨期的期限和冬季土的冻结深度等情况。

（2）项目施工区域地形和工程水文地质状况。简要介绍项目施工区域地形变化和绝对标高，地质构造，土的性质和类别，地基土的承载力，河流流量和水质，最高洪水和枯水期期水位，地下水位的高低变化，含水层的厚度、流向、流量和水质等情况。

（3）项目施工区域地上、地下管线及相邻的地上、地下建筑物情况。

（4）与项目施工有关的道路、河流等状况。

（5）当地建筑材料、设备供应和交通运输等服务能力状况。简要介绍建设项目的主要材料、特殊材料、生产工艺设备供应条件及交通运输条件。

（6）当地供电、供水、供热和通信能力状况。根据当地供电供水、供热和通信情况，按照施工需求描述相关资源提供能力及解决方案。

（7）其他与施工有关的主要因素。

工程施工条件所涉及的内容较广，数据较多，在表格的设计上，应力求简洁明了，突出重点。

第三节　施工部署和主要施工方案

施工部署是对整个建设项目全局做出的统筹规划和全面安排，是施工组织设计的纲领性内容，主要解决影响建设项目全局的重大战略问题。施工进度计划、施工准备与资源配置计划、施工方法、施工现场平面布置和主要施工管理计划等施工组织设计的组成内容都应该围绕施工部署的原则编制。施工部署包括工程施工主要目标、施工顺序及空间组织、施工组织安排等内容。

一、工程施工主要目标

工程施工目标的确定应根据施工合同、招标文件以及本单位对工程管理目标的要求来确定，包括进度、质量、安全、环境和成本等目标。各项目标应满足施工组织总设计中确定的总体目标。当单位工程施工组织设计作为施工组织总设计的补充和具体化，其各项目标的确立应同时满足施工组织总设计中确立的施工目标。

二、施工顺序及空间组织

施工部署中的施工顺序及空间组织需要解决的主要问题包括施工程序、施工流程、施工顺序等。

（一）确定施工程序

施工程序是指单位工程中各分部工程或施工阶段的先后次序，主要是解决时间搭接上的问题。工程施工因受自然条件和物质条件的约束,在不同的施工阶段或者不同的工作内容中,有其固有的、不可违背先后次序的工作程序。

1. 应遵循的基本原则

通常情况下,确定施工程序应遵守以下几方面的原则:

(1)先地下后地上原则:指在地上工程开工之前,应尽量将埋设于地下的各种管道、线路(临时的及永久的)埋设完毕,以免对地上工程的施工产生干扰,既影响施工进度,又造成经济浪费,甚至影响施工质量。

(2)先土建后设备原则:这是指土建施工应先于水、暖、电、卫等建筑设备的施工。但相互之间也可安排穿插施工,尤其是在装修阶段,做好相互的穿插施工,对加快施工进度、保证施工质量、降低施工成本有一定的效果。而对于工业建筑来说,土建施工和设备的施工关系更复杂,施工中更应当遵循其内在的规律。

(3)先主体后围护的原则:主要是指框架结构和排架结构的建筑中,应先完成主体结构,后完成围护结构的原则。为加快施工进度,在多层建筑,特别是高层建筑中,围护结构与主体结构搭接施工的情况较普遍,即主体结构施工数层后,围护结构也随后施工,既能扩大现场施工作业面,又能有效地缩短总体施工周期。

(4)先结构后装修的原则:常规情况下应遵守先结构后装修的原则,也有为了缩短施工工期,结构工程先施工一段时间后,装修工程随后搭接进行施工的。如有些临街工程往往采用在上部主体结构施工时,下部一层或数层先行装修后即开门营业的做法使装修与结构搭接施工,加快了进度,提高了效益。

由于影响施工的因素很多,所以施工的程序也不是一成不变的,特别是随着建筑科学技术的不断发展,有些施工程序也在发生着变化。

2. 土建与设备安装的施工程序

在工业建设项目中,因其工艺设备、工业管道较多、较复杂,其施工的程序也较民用建筑复杂得多。在编制施工方案时,应予以合理安排,这对加快工程进度,早日竣工投产影响较大。工业建设项目中,土建与设备安装的程序常有以下三种方式。

(1)先土建施工,后设备安装施工:即待土建主体结构完成后,再进行设备基础及设备安装施工,又称封闭式施工,适用于施工场地较小或设备比较精密的项目。其优点是有利于基础及构件的现场预制、拼装和就位,能加快主体结构的施工进度;设备基础及设备安装能在室内施工,不受气温影响,可减少防雨防寒等设施费用;有时还能利用厂房内的桥式吊车为设备基础和设备安装服务。其缺点是设备基础施工时不便于采用机械挖土。当设备基础挖土深度大于厂房基础时,应有相应的安全措施保护厂房基础的安全。由于不能提前为设备安装提供作业面,总的工期相对较长。

(2)先进行设备安装施工,后进行土建主体结构施工(又称敞开式施工):其优缺点与封闭式施工刚好相反。有些重工业厂房或设备安装期较长的厂房,常常采用此种程序安排施工。进行土建施工时,对安装好的设备应采取一定的保护措施。

(3)土建施工与设备安装施工同时进行:土建施工应为设备安装施工创造必要的条件,同时,也要防止砂浆等垃圾污染、损坏设备。施工场地宽敞或建设工期较急的项目,可采用此种程序安排。

(二)确定施工流程

如果说施工程序是单位工程各分部工程或施工阶段在时间上的先后顺序,那么施工流程则是指单位工程在平面或空间上的顺序,它的合理确定,对扩大施工作业面,组织多工种实施平面或立体流水作业,缩短施工周期和保证工程质量具有重要的意义。

施工流程的确定,是单位工程施工组织设计的重要环节,一般应考虑以下几方面的因素:

1. 主导工程生产工艺

通常情况下应以工程量较大、技术上较复杂的分部项工程为主导工程(序)来安排施工流程,其他分部项随之顺序安排。如砖混结构住宅建筑中,通常以墙体砌筑为主导工序安排施工流程,其他工序如立模、扎筋、浇混凝土、安装楼板等则依次施工。在多层建筑及高层建筑施工中,往往将主体结构、围护结构、室内装修的施工作为主要的施工流程,这样既能满足部分层次先行使用的要求,又能从整体上缩短施工周期。

2. 施工方法

施工方法对施工流程的确定起着重要的作用。如一幢建筑物的地下二层结构采用逆作法施工和采用顺作法施工的施工流程就有很大的区别。同样一幢框架结构建筑物,采用预制装配式施工和采用现浇方式施工也有很大的区别。

3. 施工的繁简程度

通常情况下,技术复杂、施工进度较慢、工期较长的部位或工段先进行施工。如基础埋置深度不同时,应先施工深基础后施工浅基础。

4. 施工组织的分层、分段

在确定施工流程的分段部位时,应尽量利用建筑物的伸缩缝、沉降缝,或利用平面有变化处和留接槎不影响建筑结构整体性的部位。住宅楼一般按单元或楼层划分,建筑群可按区、幢号划分,工业厂房可按跨或生产线划分。

5. 使用要求

施工流程的确定还要考虑满足用户使用上的要求,按照用户的要求,合理安排施工的先后顺序及穿插搭接。

6. 施工现场条件

施工现场的场地大小、道路的布置或者是当地的主导风向对施工的流程的确定都有一定的影响。

(三)确定施工顺序

施工顺序是指分项工程或工序之间施工的先后次序。施工顺序应根据实际的工程施工条件和采用的施工方法来确定,没有一种固定不变的顺序,但这并不是说施工顺序是可以随意改变的,也就是说建筑施工的顺序有其一般性,也有其特殊性。影响施工顺序的因素是多方面的,而不同结构类型的建筑,其施工顺序也有很大的区别,下面以砖混结构建筑、钢筋混凝土结构建筑以及装配式工业厂房为例,分别介绍不同结构形式的施工顺序以及确定施工顺序的因素。

1. 确定施工顺序的因素

合理确定施工顺序是编制施工进度计划的需要,一般应考虑以下六个方面的因素。

(1)遵循施工程序:施工顺序应在不违背施工程序的前提下确定。

(2)符合施工工艺:施工顺序应与施工工艺相一致,一般不可违背,它反映了工序之间的客观规律和相互制约的关系。如现浇钢筋混凝土连梁的施工顺序为支模板→绑扎钢筋→浇混凝土→养护→拆模板。

(3)与施工方法和施工机械的要求相一致:不同的施工方法和施工机械会使施工过程的先后顺序有所不同,如建造装配式单层厂房,采用分件吊装法的施工顺序是:先吊装全部柱子,再吊装全部吊车梁,最后吊装所有屋架和屋面板。采用综合吊装法的顺序是:先吊装完一个节间的柱子、吊车梁、屋架和屋面板之后,再吊装另一个节间的构件。

(4)满足工期和施工组织的要求:如地下室的混凝土地坪,可以在地下室的楼板铺设前施工,也可以在楼板铺设后施工。但从施工组织的角度来看,前一方案便于利用安装楼板的起重机向地下室运送混凝土,因此宜采用此方案。

(5)符合施工质量和安全要求:施工顺序的确定,必须保证施工的质量和安全方面的要求。如基础回填土,必须在砌体达到必要的强度以后才能开始,否则,砌体的质量会受到影响。而多层建筑现浇楼板模板系统的拆除必须采取可靠的技术措施,在保证施工安全的前提下,才能拆除下层模板系统。

(6)考虑气候条件的影响:不同的地区,气候特点不同,施工顺序的安排应考虑到气候特点对工程的影响。如土方工程施工应避开雨季,以免基坑被雨水浸泡或遇到地表水而提高基坑开挖的难度。

2. 多层混合结构建筑的施工顺序

多层混合结构建筑的施工,一般可划分为三个阶段,即基础工程施工,主体工程施工,屋面、装饰工程及房屋设备安装等几大部分,其一般的施工顺序如图6-1所示。

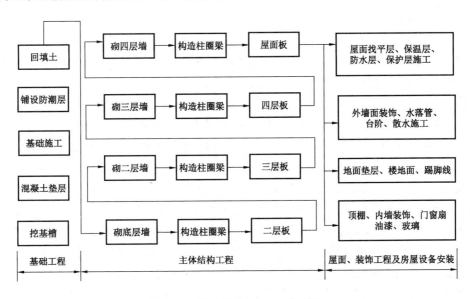

图6-1 混合结构施工顺序示意图

1）基础工程施工顺序

基础工程施工顺序一般是：挖基槽（坑）→混凝土垫层→基础施工→铺设防潮层→回填土。若有桩基，则在开挖前应施工桩基，若有地下室，则基础工程中应包括地下室的施工，在施工完地下室墙、做完防潮层后施工地下室顶板，最后回填土。

需要注意的是，基槽（坑）开挖完成后，立即验槽做垫层，其时间间隔不能太长，以防止地基土长期暴露，被雨水浸泡而影响其承载力。在实际施工中，若由于技术或组织上的原因不能立即验槽作垫层和基础，则在开挖时可留 20～30cm 至设计标高，以保护地基土，待有条件施工下一步时，再挖去预留的土层。对于回填土，由于回填土对后续工序的施工影响不大，可视施工条件灵活安排。原则上是在基础工程完工之后一次性分层夯填完毕，可以为主体结构工程阶段施工创造良好的工作条件，如它为搭外脚手架及底层砌墙创造了比较平整的工作面。

2）主体结构工程施工顺序

主体结构工程施工，如果圈梁、构造柱、楼板、楼梯都是现浇时，其施工顺序应为：立构造柱筋→砌墙→安柱模、浇混凝土→安梁、板、梯模板→安梁、板、梯钢筋→浇梁、板、梯混凝土。如果楼板为预制，砌筑墙体和安装楼板的工程量较大，可以作为主体结构的主导工序。它们在各楼层之间的施工是先后交替进行。在组织混合结构单个建筑物的主体结构工程施工时，可以把主体结构工程归并成砌墙、构造柱和圈梁以及安装楼板等三个主导施工过程来组织流水施工，使主导工序能连续进行。

3）屋面、装饰工程及房屋设备安装施工顺序

主体完工后，项目进入装饰施工阶段。该阶段分项工程多、消耗的劳动量大，工期也较长，本阶段对混合结构房屋施工的质量有较大的影响，因此组织施工时必须确定合理的施工顺序与方法。

不同类型的屋面工程，其施工顺序有很大的不同，目前常用的卷材防水屋面工程的施工顺序一般为：找平层→隔汽层→保温层→找坡层→结合层→防水层→保护层。屋面工程在主体结构完成之后开始，并应尽快完成，为顺利进行室内装饰工程创造条件。

装饰工程可分为室内装饰和室外装饰，室内装饰工程的主要工序有：天棚、墙面、楼地面、楼梯等抹灰，门窗扇安装，门窗油漆、安玻璃，油墙裙，做踢脚线等。室外装饰工程的主要工序有：外墙抹灰、做勒脚、抹散水、砌台阶、安装水落管等。

室内外装饰工程的先后顺序通常有先内后外、先外后内、内外同时进行三种顺序，具体确定哪一种顺序，要根据施工条件和所处的气候条件来确定。通常室外装饰工程应避开冬期、雨季的施工；如为了加快脚手架的周转或要赶在冬、雨期到来之前完成室外装修，则应采取先外后内的施工顺序。同一层的室内抹灰施工顺序有两种：一是"地面→天棚→墙面"，这种顺序室内清理简便，有利于保证地面施工质量，且有利于收集天棚、墙面的落地灰，可节省材料，但地面施工完成以后，需要一定的养护时间才能施工天棚、墙面，因而工期较长。另外，还需注意地面的保护。另一种是"天棚→墙面→地面"，这种施工顺序的好处是工期短，但施工时如不注意清理落地灰，会影响地面抹灰与基层的黏结，造成地面起拱。楼梯和过道是施工时运输材料的主要通道，它们通常在室内抹灰完成以后再自上而下施工。楼梯、过道室内抹灰全部完成以后，进行门窗扇的安装，然后进行油漆工程，最后安装门窗玻璃。室外装饰工程总是采取自上而下的施工顺序，每层装饰完成后，可拆除该层的脚手架，最后进行散水、台阶的施工。

房屋设备安装工程的施工可与土建有关分项工程交叉施工、紧密配合。比如，基础阶段，

应先将相应的管沟埋设好,再进行回填土;主体结构阶段,应在砌墙或现浇楼板的同时,预留电线、水管等的孔洞或预埋件等。

3. 钢筋混凝土结构工程施工顺序

现浇钢筋混凝土结构建筑是目前应用最广泛的建筑形式,其总体施工可分为基础工程、主体结构工程、围护工程、装饰工程、设备安装工程等几个部分,设备安装工程通常穿插于装饰工程施工当中,钢筋混凝土框架结构独立基础的施工顺序如图6-2所示。

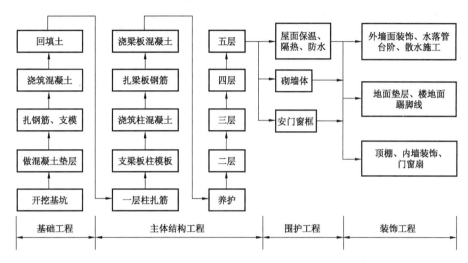

图6-2 钢筋混凝土结构工程施工顺序示意图

1)基础工程施工

对于钢筋混凝土结构工程,其基础形式有桩基础、独立基础、筏形基础、箱形基础以及复合基础等,不同的基础其施工顺序(工艺)不同。

(1)桩基础的施工顺序:不同的成孔方式,桩基础的施工顺序有所不同,对人工挖孔灌注桩,其施工顺序一般为人工成孔→验孔→落放钢筋骨架→浇筑混凝土。对于钻孔灌注桩,其顺序一般为泥浆护壁成孔→清孔→落放钢筋骨架→水下浇筑混凝土。对于预制桩,其施工顺序一般为放线定桩位→设备及桩就位→打桩→检测。

(2)钢筋混凝土独立基础的施工顺序:一般施工顺序为开挖基坑→验槽→做混凝土垫层→扎钢筋、支模板→浇筑混凝土→养护→回填土。

(3)箱形基础的施工顺序:施工顺序一般为开挖基坑→做垫层→箱底板钢筋、模板及混凝土施工→箱墙钢筋、模板、混凝土施工→箱顶钢筋、模板、混凝土施工→回填土。混凝土施工时应采取措施以防止产生裂缝。

2)主体工程施工顺序

主体工程的钢筋混凝土结构施工,总体上可以分为两大类构件。一类是竖向构件,如墙、柱等。另一类是水平构件,如梁、板等,因而其施工总的顺序为“先竖向再水平”。

(1)竖向构件施工顺序:对于柱与墙,其施工顺序基本相同,即放线→绑扎钢筋→预留预埋→支模板及脚手架→浇筑混凝土→养护。

(2)水平构件施工顺序:对于梁板,一般同时施工,其顺序为放线→搭脚手架→支梁底模、侧模→扎梁钢筋→支板底模→扎模钢筋→预留预埋→浇筑混凝土→养护。现在,随着商品混凝土的广泛应用,一般同一楼层的竖向构件与水平构件混凝土同时浇筑。

3）围护结构的施工顺序

围护结构包括墙体工程和屋面工程两部分内容。

（1）墙体工程主要是内外围护墙的砌筑，另外还包括砌筑用脚手架的搭拆等辅助性工作内容。墙体工程一般在框架结构完成后进行，如施工工期较紧，可在数层框架完成后，下层框架梁板达到混凝土脱模强度、拆除模板后，穿插进行墙体施工。脚手架应配合砌筑工程搭设，在室外装饰之后、做散水之前拆除。为保证围护结构的稳定性，在浇筑框架柱时，一般先预留墙体拉结钢筋。

（2）屋面工程可参阅混合结构部分施工顺序的内容。

4）装饰与设备安装工程施工顺序

对于装饰工程，总体施工顺序与前面讲述的混合结构装饰工程施工顺序相同。对于多层、小高层或高层钢筋混凝土结构建筑，特别是高层建筑，为了缩短工期，其装饰和水、电、暖通设备是与主体结构施工搭接进行的，一般是主体结构做好几层后随即开始。装饰和水、电、暖通设备安装阶段的分项工程很多，各分项工程之间、一个分项工程中的各个工序之间，均应按一定的施工顺序进行。虽然由于有许多楼层的工作面，可组织立体交叉作业，基本要求与混合结构的装修工程相同，但高层建筑的内部管线多、施工复杂，组织交叉作业尤其要注意相互关系的协调以及质量和安全问题。

4. 装配式钢筋混凝土单层工业厂房施工顺序

由于生产工艺的要求，单层工业厂房的建筑平面、造型和结构构造与民用建筑都有很大的差别，往往都有设备基础和各种复杂的管网。因此，其施工顺序的安排方面也较民用建筑复杂得多。装配式钢筋混凝土单层厂房的施工可分为基础工程、预制工程、结构安装工程、围护工程、装饰工程等几个主要阶段。由于基础工程与预制工程之间没有相互制约的关系，所以相互之间就没有既定的顺序，只要保证在结构安装之间完成，并满足吊装的强度要求即可。各施工阶段的工作内容与施工顺序如图 6-3 所示。

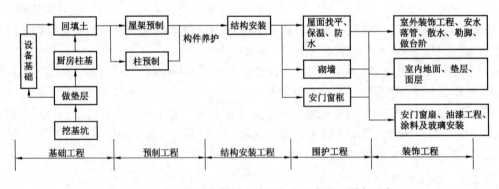

图 6-3　装配式钢筋混凝土单层工业厂房施工顺序示意

1）基础工程的施工顺序

装配式钢筋混凝土单层厂房的基础一般为现浇杯形基础。基本施工顺序是基坑开挖、打桩或其他人工地基，与现浇钢筋混凝土结构框架结构的独立基础施工顺序基本一致；如遇深基础或地下水位较高的工程，则要人工降低地下水位。大多数单层工业厂房都有设备基础，特别是重型机械厂房，设备基础既深又大，其施工难度大，技术要求高，工期也较长。设备基础的施工顺序如何安排，会影响到主体结构的安装方法和设备安装的进度。因此若工业厂房内有大型设备基础时,其施工有两种方案可供选择。

(1)开敞式,这是遵照一般先地下、后地上的顺序,设备基础与厂房基础的土方同时开挖。这种施工方法工作面大,施工方便,并为设备提前安装创造条件。其缺点是对主体结构安装和构件的现场预制带来不便。当设备基础较复杂,埋置深度大于厂房柱基的埋置深度并且工程量大时,开敞式施工方法较适用。

(2)封闭式,即设备基础施工在主体厂房结构完成以后进行。这种施工顺序是先建厂房,后做设备基础。其优点是厂房基础和预制构件施工的工作面较大,有利于重型构件现场预制、拼装、预应力张拉和就位;便于各种类型的起重机开行路线的布置;可加速厂房主体结构施工。由于设备基础是厂房建成后施工,因此,可利用厂房内的桥式吊车作为设备基础施工中的运输工具,并且不受气候的影响。其缺点是部分柱基回填土在设备基础施工时会被重新挖空出现重复劳动,设备基础的土方工程施工条件差。因此,只有当设备基础的工作量不大,且埋置深度不超厂房桩基的埋置深度时,才能采用封闭式施工。

2)预制工程的施工顺序

单层工业厂房的预制构件有现场预制和工厂预制两种方式,哪些构件在现场预制,哪些构件在工厂预制对施工顺序有很大的影响。一般来说,单层工业厂房的牛腿柱、屋架等大型不方便运输的构件在现场预制;而屋面板、天窗、吊车梁、支撑、腹杆及连系梁等在工厂预制。

预制工程的施工顺序一般为构件支模(侧模等)→绑扎钢筋(预埋件)→浇筑混凝土→养护。若是预应力构件,则应在养护之后加上"预应力钢筋的制作→预应力筋张,拉锚固→灌浆"。由于现场预制构件时间较长,为了缩短工期,一般现场预制构件如屋架、柱等应提前预制,以满足一旦基础工程施工完成,达到设计强度后就可以安装柱子,柱子安装完成灌浆固定养护,达到规定的强度后就可以吊装屋架,从而达到缩短工期的目的。

3)结构安装工程施工顺序

装配式单层工业厂房的结构安装是整个厂房施工的主导施工过程,一般安装顺序为:柱子安装校正、固定→连系梁的安装→吊车梁安装→屋盖结构安装(包括屋架、屋面板、天窗等)。在编制装配式单层工业厂房施工组织计划时,应绘制构件现场吊装就位图,起吊机的开行路线图,包括每次开行吊装的构件及构件编号图等。安装前应作好其他准备工作,包括基础杯底抄平、杯口弹线、构件的吊装验算和加固、起重机稳定性及起重能力核算、起吊各种构件的索具准备等。

单层厂房安装顺序一般有两种:一种是分件吊装法,即先依次安装和校正全部柱子,然后安装屋盖系统等。这种方式中起重机在同一时间安装同一类型构件,包括就位、绑扎、临时固定、校正等工序并且使用同一种索具,劳动组织不变,可提高安装效率。其缺点是增加起重机开行路线。另一种是综合吊装法,即逐个节间安装,连续向前推进。其方法是先安装四根柱子,立即校正后安装吊车梁与屋盖系统,一次性安装好纵向一个柱距的节间。这种方法因安装索具和劳动力组织有周期性变化而影响生产率。上述两种方法在单层厂房安装工程中均有采用。一般实践中,综合吊装法应用相对较少。

4)围护、屋面及其他工程施工顺序

主要包括砌墙、屋面防水、地坪、装饰工程等,这类工程可以组织平行作业,应充分利用工作面安排组织施工。当屋盖安装完成后,应先进行屋面灌缝,随即进行地坪施工,并同时进行砌墙,砌墙结束后进行内外粉刷。

屋面防水工程一般应在屋面板安装后马上进行。屋面板吊装固定之后即可进行灌缝及抹水泥砂浆,做找平层。若做柔性防水层面,则应等找平层干燥后再开始做防水层,在做防水层之前应将天窗扇和玻璃安装好并油漆完毕,还要避免在刚做好防水层的屋面上行走和堆放材料、工具等,以防损坏防水层。单层厂房的门窗油漆可以在内墙刷白以后马上进行,也可以与设备安装同时进行。地坪层应在地下管道、电缆完成后进行,以免凿开嵌补。

以上针对常见的混合结构、钢筋混凝土结构及装配式单层工业厂房施工的施工顺序安排作了一般说明,是施工顺序的一般规律。在实践中,由于影响施工的因素很多,各具体的施工项目其施工条件各不相同,在组织施工时应结合具体情况和本企业的施工经验,因地制宜地确定施工顺序组织施工。

三、其他工作的部署

(一) 工程施工的重点和难点的分析

对工程施工的重点和难点进行分析,主要包括组织管理和施工技术两个方面。工程的重点和难点对于不同工程和不同企业具有一定的相对性,某些重点、难点工程的施工方法可能已通过有关专家论证而成为企业工法或企业施工工艺标准,此时企业可直接引用。重点、难点工程的施工方法选择应着重考虑影响整个单位工程的分部(分项)工程,如工程量大、施工技术复杂或对工程质量起关键作用的分部(分项)工程。

(二) 工程管理组织机构的确立

总承包单位应明确项目管理组织机构形式,并宜采用框图的形式表示。工程管理的组织机构形式应确定项目经理部的工作岗位设置及其职责划分。

项目管理组织机构形式应根据施工项目的规模、复杂程度、专业特点、人员素质和地域范围确定。大中型项目宜设置矩阵式项目管理组织,远离企业管理层的大中型项目宜设置事业部式项目管理组织,小型项目宜设置直线职能式项目管理组织。

(三) 新技术、新工艺的部署

单位工程施工组织设计应对工程施工中开发和使用的新技术、新工艺应做出部署,对新材料和新设备的使用应提出技术及管理要求。根据企业现有的施工技术水平和管理水平,对项目施工中开发和使用的新技术、新工艺应做出规划并采取可行的技术、管理措施来满足工期和质量等要求。

(四) 对分包单位的统筹管理

单位工程施工组织设计中,对于主要分包工程施工单位的选择要求及管理方式应进行简要说明。

四、主要施工方案

施工方案是以分部(分项)工程或专项工程为主要对象编制的施工技术与组织方案,用以具体指导其施工过程,施工方案在某些时候也被称为分部、分项工程或专项工程施工组织设计。它是单位施工组织设计的核心内容,施工方案中各施工方法选择得是否合理,不仅影响到施工进度计划的安排和施工平面图的布置,还将直接关系到工程的施工效率、质量、工期和技术经济效果,因此必须引起足够的重视。

单位工程应按照《建筑工程施工质量验收统一标准》(GB 50300—2013)中分部、分项工程的划分原则,对主要分部、分项工程制定施工方案。另外,对脚手架工程、起重吊装工程、临时用水用电工程、季节性施工等专项工程所采用的施工方案应进行必要的验算和说明。

施工方案包括主要分部、分项工程施工方法和施工机械的选择等内容。施工方法和施工机械的选择是施工方案的核心,它直接影响到施工进度、质量和安全和工程成本问题。因此,编制单位工程施工组织设计时,必须依据建筑结构特点、工程量的大小、工期长短、资源供应情况、施工现场条件和周围环境特点等,综合制定出切实可行的施工方案,并通过技术经济分析比较,选出最优方案。

(一)施工方法的选择

选择施工方法应重点考虑影响整个单位工程分部、分项工程的施工方法。主要是选择工程量大、在单位工程中占有重要地位的分部、分项工程、施工技术复杂或采用新技术、新工艺及对工程质量起关键作用的分部、分项工程的施工方法。施工方法的选择要有针对性,能够体现先进、合理和经济性的要求,要详细而具体,必要时还要单独编制分部分项工程的施工作业计划。

在确定各分部分项工程的施工方法时,其选择的主要内容有以下八大方面。

1. 土石方工程

(1)根据土方量大小,首先确定是用人工挖土,还是用机械挖土。当采用人工挖土时,应按工程量和劳动定额的要求确定投入劳动力数量,并确定如何分区分段施工。如采用机械挖土时,应先选择机械挖土的方式,确定挖土机行走路线。其次应确定挖土机的型号和数量,以充分利用机械效能,达到最高的挖土效率。

(2)在地形较复杂的地区进行场地平整时,应进行土方平衡计算,绘制平衡调配表,确定运输方式(即人力运输、人力车运输或汽车运输等)。

(3)当有石方时,应确定石方的爆破方法及所需机具、材料。

(4)确定地面水、地下水的排除方法,确定排水沟、集水井点布置以及所需设备的型号和数量。

(5)如挖土较深,应根据土壤类别,确定边坡坡度或土壁的支护方法,确保安全施工。

2. 基础工程

(1)如有深基础标高不同时,应明确基础施工的先后顺序、标高的控制以及质量、安全措施等。

(2)明确各种变形缝的留置方法及注意事项。

(3)如混凝土基础需设置施工缝时,应明确留置位置、技术要求等。

(4)对于桩基施工,由于桩基型号较多,主要应明确设备的选择、入土的方法、入土深度的控制、检测的项目、质量的要求等。

(5)地下室如采用防水混凝土,应事先做防渗试验,确定用料要求及技术措施等。

3. 砌筑工程

(1)应明确砖墙的组砌方法和质量要求。

(2)确定砌筑施工中的流水分段和劳力组合方式等。

(3)砖砌体与钢筋混凝土构造柱、圈梁、阳台、楼梯等构件的连接要求。

（4）砌筑脚手的搭设用料、形式和技术要求。

（5）当楼层有体型较大或重量较重的设备需要在主体工程结束后进入安装时，往往在主体结构的某一部位从外墙至安装的房间留出通道，这时，通道部分的砌体暂不砌，但需做好临时安全措施，如墙上过梁加大断面或配筋，以安全承受上部荷重。

4. 钢筋混凝土工程

（1）模板类型和支承方式的确定：根据不同的结构类型、现场的施工条件和企业实际施工装备，确定使用模板种类（指用钢模、木模、工具式模板等）和支承方法。

（2）钢筋工程：应选择恰当的钢筋加工运输和安装方法，明确在工厂加工和现场加工的范围，明确钢筋调直、切断、弯曲、成型、焊接方法及相应的仪器设备。如果钢筋作现场预应力张拉时，应详细制订预应力钢筋的加工、运输和安装和检测等方法，明确所用设备、仪表的具体要求。

（3）确定混凝土施工方法：应将整个工程项目或每一层次的混凝土及构件情况列出明细表，明确现场浇筑、现场预制或工厂预制的构件。确定混凝土的浇筑顺序，施工缝的留置位置，分层浇筑的高度，工作班次，浇捣方法以及有关养护制度等。对大体积混凝土的浇筑，应制订防止产生裂缝的措施，落实测温孔的设置和测温工作。在寒冷或酷暑季节浇筑混凝土时，应制订相应的防冻或降温措施，明确使用外加剂的品种、掺用比例及控制方法等。

5. 结构安装工程

（1）选择合理的结构吊装方案。根据结构件的几何尺寸、重量及安装高度等相关参数，确定吊装方案（如分件吊装或综合吊装），选择恰当的吊装机械（设备）和开行路线。

（2）对于跨度较大建筑物的屋面吊装，应认真制定吊装方案，如构件吊点位置的设定，吊索的长短及夹角大小的确定，起吊和扶正时的临时稳固措施等。

（3）对于中型砌块的安装，事先应编制"砌块排列图"，做到有序堆放，便于安装，避免数量或多或少，或规格不对，以免因砌块的二次搬运而产生浪费、影响施工操作。

6. 装饰装修工程

（1）应明确装饰装修工程进入现场施工的时间，施工顺序和产品保护等具体要求，尽可能做到结构、装修穿插施工，合理组织施工，以缩短工期。

（2）高级室内装修应先做样板间，通过设计、业主、监理等联合认定后，再行全面展开工作。

（3）室外装修工程应明确脚手架设置要求，饰面材料应有防止渗水、防止坠落的措施，金属材料防止锈蚀的措施。

（4）屋面防水工程的施工，应明确防水材料的质量要求，明确各施工层次的操作标准及相互搭接要求等。

7. 脚手工程

（1）应明确内外脚手架的类型、搭设方法和安全措施。应有防止脚手架不均匀沉降的措施，加强与主体结构的拉结，以保证脚手架整体上的稳固。高层建筑的外墙脚手架，应分段搭设，一般每段 5~8 层，大多采用工字钢或槽钢作外挑或组成钢三角架外挑的做法。

（2）应明确特殊部位的脚步架搭设方案，如施工现场的主要出入口处脚步架应留有较大的空位，便于行人甚至车辆进出。

（3）室内脚手架宜采用轻型、工具型脚手架，装拆方便省工，成本低。

8. 特殊项目

对于四新(新结构、新工艺、新材料、新技术)项目,高耸、大跨、重型构件,水下、深基础、软弱地基等项目,均应单独编制施工方案。对于分包的大型土方、打桩、构件吊装等项目,均应由分包单位编制单项施工方案及技术组织措施。

(二)施工机械的选择

在多层建筑和高层建筑施工中,施工机械设备的选择十分重要,它与工程进度、安全生产和施工成本都有着密切的关系,因此,在编制施工组织设计时,应在技术、经济等方面作多方案比较后,选用合理的施工机械设备。选择时,应着重考虑以下几方面:

(1)首先选择主导工程的施工机械。施工方法确定后,应根据工程特点,选择适宜主导工程的施工机械。如在选择装配式单层工业厂房结构安装用的起重机时,如果工程量大,且构件集中时,可采用生产效率较高的塔式起重机;如果工程量小或者是工作量大,但比较分散,则宜选用自行式起重机较为经济。在选择起重机型号时,还要满足起重高度、起重量和服务半径的要求。

(2)进行施工机械配套时,各种辅助性机械或运输工具应与主导机械的生产能力相匹配,以充分发挥主导施工机械的效率。如土石方工程大体积挖土施工中,如采用汽车外运土方,汽车的载重量和汽车数量应保证挖土机连续工作的要求。

(3)同一工地,流水作业线上的施工机械种类不宜过多,机械种类越多,机群生产效率越低。同一类型的施工机械,在满足施工要求的前提下,其型号、生产厂家或生产国别应尽可能单一。

(4)施工机械的选择还要考虑施工企业现有机械设备的情况,以充分发挥本单位现有机械的效能。如不能满足要求,则应优先选用厂家信誉好、产品质量好、技术指标先进的设备。此外,工程机械更新换代很快,应选择技术寿命长的设备。

(三)施工方案的评价

工程项目施工方案选择的目的是选择适合本工程的最佳方案,即方案在技术上可行、经济上合理,做到技术与经济相统一。对施工方案进行评价,就是为了避免在确定施工方案时的盲目性、片面性。在方案付诸实施前分析其经济效益,以保证所选方案的科学性、有效性和经济性,达到提高质量、缩短工期、降低成本的目的,进而提高整个工程施工的经济效益。

1. 评价方法

施工方案评价方法可分为定性分析法和定量分析法两大类。

定性分析法是分析各方案的优缺点,如施工操作上的难易和安全与否;可否为后续工序提供有利条件;冬期或雨季对施工影响大小;是否可利用现有的一些机械和设备;能否为现场文明施工创造有利条件等。评价时受评价人的主观因素影响较大,故常用于方案初步评价。

定量分析法是对各方案的投入与产出进行计算,如劳动力、材料及机械台班消耗、工期、成本等直接进行计算和比较,用数据说话,比较客观,所以定量分析是方案评价的主要方法。

2. 评价指标

施工方案的定量分析法是通过计算各方案的几个主要技术经济指标,进行综合比较分析,从中选出技术经济指标较佳的方案。常用的指标主要有以下几类:

(1)技术指标。技术指标一般用各种参数表示,如深基坑支护中选用板桩支护,则指标有板桩的最小挖土深度、桩间距、桩的截面尺寸等。大体积混凝土施工时,为了防止裂缝的出现,体现浇筑方案的指标有:浇筑速度、浇筑厚度、水泥用量等。模板方案中的模板面积、型号、支撑间距等。这些技术指标,应结合具体的施工对象来确定。

(2)经济指标。主要反映为完成任务必须消耗的资源量,由一系列价值指标、实物指标及劳动指标组成。如工程施工成本消耗的机械台班台数,用工量及其钢材、木材、水泥(混凝土)等材料消耗量等,这些指标能评价方案是否经济合理。

(3)效果指标。主要反映采用该施工方案后预期达到的效果。效果指标有两大类:一类是工程效果指标,如工程工期、工程效率等;另一类是经济效果指标,如成本降低额或降低率,材料的节约量或节约率等。

第四节　施工进度计划

单位工程施工进度计划是为实现项目设定的工期目标,对各项施工过程的施工顺序、起止时间和相互衔接关系所做的统筹策划和安排。施工进度计划是施工部署在时间上的体现,反映了施工顺序和各个阶段工程进展情况,应均衡协调、科学安排。要保证拟建工程在规定的期限内完成,保证施工的连续性和均衡性,节约施工费用。编制施工进度计划需依据建筑工程施工的客观规律和施工条件,参考工期定额,综合考虑资金、材料、设备、劳动力等资源的投入。它的任务是为整个施工活动以及各分项活动规划一个明确的日程表,即时间计划。所以说,施工进度计划是单位工程施工组织设计中的一项核心内容之一。

一、施工进度计划的作用与分类

(一)施工进度计划的作用

单位工程施工进度计划是施工方案在时间上的具体反映,是指导单位工程施工的基本文件之一。它的主要任务是以施工方案为依据,安排单位工程中各施工过程的施工顺序和施工时间,使单位工程在规定的时间内有序地完成施工任务。施工进度计划的主要作用有:

(1)明确各分部分项的施工时间及其相互之间的衔接、配合关系,控制单位工程的施工进度,以保证在规定的工期内完成符合质量要求的任务。

(2)为平衡劳动力,调配和供应各种施工机械和各种物资资源提供依据。

(3)为编制季度、月度及旬施工作业计划以及各项资源需用量提供依据。

(4)为确定施工现场的临时设施数量和动力配备等提供依据。

(二)施工进度计划的分类

(1)根据进度计划的表达形式,可将施工进度计划分为横道计划、网络计划和时标网络计划。其形式可参见本书第三、四章的相关内容。横道计划形象直观,能直观化工作的开始和结束日期,能按天统计资源消耗,但不能抓住各工作间的主次关系,且逻辑关系不明确。网络计划能反映各工作间的逻辑关系,利于重点控制,但工作的开始与结束时间不直观,也不能按天统计资源。时标网络计划结合了横道计划和普通网络计划的优点,是实践中应用较普遍的一种进度计划表达形式。施工进度计划可采用网络图或横道图表示,并附必要说明;一般工程画横道图即可,对工程规模较大、工序比较复杂的工程宜采用网络图表示,通过对各类参数的计算,找出关键线路,选择最优方案。

（2）根据进度计划对施工指导作用的不同,可将施工进度计划分为控制性施工进度计划与实施性施工进度计划两类。控制性施工进度计划一般在工程的施工工期较长、结构比较复杂、资源供应暂无法全部落实的情况下采用,或者工程的工作内容可能发生变化和某些构件（结构）的施工方法暂时还不能全部确定的情况下采用。往往编制以分部工程项目为划分对象的施工进度计划,以便控制各分部工程的施工进度。实施性施工进度计划是控制性施工进度计划的补充,该类施工进度计划项目的划分必须详细,各分项工程彼此间的衔接关系必须明确,它的编制可与控制性施工进度计划同时进行。对于比较简单的单位工程,一般可直接编制单位工程施工进度计划。这两种计划形式是互相联系、互为依据的,在实践中可以结合具体情况来编制。若工程规模大而且复杂,可以先编制控制性的计划,再针对每个分部工程编制详细的实施性计划。

二、施工进度计划的编制依据和程序

（一）施工进度计划的编制依据

编制单位工程施工进度计划,主要依据下列资料:

（1）施工总工期要求及开、竣工日期。

（2）经过审批的建筑总平面图、地质地形图、单位工程全套施工图、设备及基础图、采用的标准图及技术资料。

（3）施工组织总设计对本单位工程的有关规定。

（4）施工条件、劳动力、材料、构件及机械供应条件,分包单位的情况等。

（5）主要分部、分项工程的施工方案,包括施工程序、施工段划分、施工方法、技术及组织措施等。

（6）劳动定额、机械台班定额。

（7）其他有关要求和资料。如业主的合理要求、工程承包合同、当地的气象资料等。

（二）施工进度计划的编制程序

单位工程施工进度计划编制的一般程序如图6-4所示。

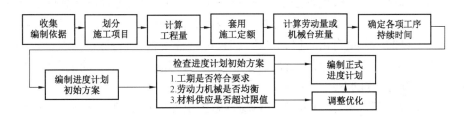

图6-4 单位工程施工进度计划编制程序

三、施工进度计划的编制

单位工程施工进度计划,是以施工方案为基础,根据合同工期和技术、物资供应条件,遵循合理的施工工艺顺序和统筹安排各项施工活动的原则进行编制的。其编制的步骤和方法如下。

(一)划分施工过程

施工过程是进度计划的基本组成单元,其划分的粗与细、适当与否直接关系到进度计划的安排,因此应结合具体的施工项目来合理地确定施工过程。这里的施工过程主要包括直接在建筑物或构筑物上进行施工的所有分部分项工程,不包括加工厂的预制加工及运输过程。即这些施工过程不列入施工进度计划中,这部分施工内容可以提前完成,不影响进度。在确定施工过程时,应注意以下几个方面的问题:

(1)施工过程划分的粗细程度,主要取决于施工进度计划的客观需要。编制控制性进度计划时,施工过程应当划分得粗略一些,通常只列出分部工程名称,如混合结构居住建筑的控制性施工进度计划,只列出基础工程、主体工程、屋面工程和装饰装修工程四个施工过程即可。而在编制实施性施工进度计划时,施工过程就要划分得细一些,特别是其中的主导工程和主要分部工程,应尽量详细而且不漏项,以便于指导施工有效地进行,如屋面工程可以划分为找平层、隔汽层、保温层、防水层等几个施工过程。

(2)施工过程的划分要结合所选择的施工方案。施工方案不同,施工过程的名称、数量和内容也会有所不同。

(3)适当简化施工进度计划的内容,避免施工过程划分过细、重点不突出。编制时可考虑将某些穿插性分项工程合并到主要分项工程中去,如安装门窗框可以并入砌筑工程当中。对于在同一时间内,由同一工程队施工的过程也可以合并为一个施工过程,而对于次要的零星分项工程,可合并为"其他工程"一项列出。

(4)水、暖、电、卫和设备安装工程通常由专业施工队负责施工。因此,在施工进度计划中只需反映出这些工程与土建工程的配合即可,一般采用穿插的方式进行。

(5)所有施工过程应大致按施工顺序先后排列,所采用的施工项目名称可参考现行定额手册上的项目名称。

总之,划分施工过程要粗细得当,最后根据划分的施工过程列出施工过程一览表,以便使用。

(二)计算工程量

工程量的计算是一项比较繁琐的工作,应严格按照施工图纸、工程量计算规则及相应的施工方法进行。当编制施工进度计划时,已经有了预算文件,则可直接利用预算文件中有关的工程量。若某些项目的工程量有出入但相差不大时,可结合工程项目的实际情况作一些调整或补充。单位工程施工进度计划中的工程量,不作为工资计算或工程结算的依据,故不必精确计算,工程量计算时应注意以下几个问题:

(1)各分部分项工程的计算单位必须与现行施工定额的计量单位一致,以便计算劳动量和材料消耗量、机械台班消耗量时直接套用。

(2)应结合分部分项工程的施工方法和技术安全的要求进行。例如,土方开挖应考虑土的类别、挖土的方法、边坡护坡处理和地下水的情况等。

(3)要考虑施工组织的要求,分层、分段计算工程量,便于组织流水施工作业。

(4)应尽量考虑编制其他计划时使用工程量数据的方便,做到一次计算,多次使用。

(三)计算劳动量和机械台班数

计算出每个施工段各施工过程的工程量后,可以根据现行的劳动定额,计算相应的劳动量和机械台班数,计算式为

$$P_i = \frac{Q_i}{S_i} \qquad\qquad (6-1)$$

或

$$P_i = Q_i H_i \qquad\qquad (6-2)$$

式中 P_i——完成第 i 个施工过程所需的劳动量(工日)或机械台班数(台班);

Q_i——完成第 i 个施工过程的工程量;

S_i——第 i 个施工过程所采用的产量定额;

H_i——第 i 个施工过程所采用的时间定额。

如,已知某施工项目的柱基坑土方量为 $4580 m^3$,采用人工挖土法,每工产量定额为 $3.9 m^3$,则完成该基坑土方开挖所需劳动量为

$$P_i = \frac{Q_i}{S_i} = \frac{4580}{3.9} = 1174(\text{工日})$$

在计算劳动量和机械台班数时,还会遇到施工进度计划所列项目与施工定额所列项目的工作内容不一致的情况,具体处理方法如下:

(1)当某一分项工程是由若干具有同一性质而不同类型的分项工程合并而成时,应根据各个不同分项工程的劳动定额和工程量,按合并前后总劳动量不变的原则,采用加权平均定额来确定合并后的产量定额。其计算式为

$$\overline{S}_i = \frac{\sum\limits_{i=1}^{n} Q_i}{\sum\limits_{i=1}^{n} P_i} \qquad\qquad (6-3)$$

式中 $\overline{S}_i$——某施工过程加权平均产量定额;

$\sum\limits_{i=1}^{n} Q_i$——总工程量,$\sum\limits_{i=1}^{n} Q_i = Q_1 + Q_2 + Q_3 + \cdots + Q_n$;

$\sum\limits_{i=1}^{n} P_i$——总劳动量,$\sum\limits_{i=1}^{n} P_i = \dfrac{Q_1}{S_1} + \dfrac{Q_2}{S_2} + \dfrac{Q_3}{S_3} + \cdots + \dfrac{Q_n}{S_n}$;

$Q_1, Q_2, Q_3, \cdots, Q_n$——合并前各分项工程的工程量;

$S_1, S_2, S_3, \cdots, S_n$——合并前各分项工程的产量定额。

例如,某学校的教学楼工程,其外墙面抹灰装饰分为干黏石、贴饰面砖、剁假石三种做法,其工程量分别是 $585.8 m^2$、$784.7 m^2$、$295.4 m^2$,所采用的产量定额分别是 $4.17 m^2/\text{工日}$、$2.53 m^2/\text{工日}$、$1.53 m^2/\text{工日}$,则加权平均产量定额为

$$\overline{S} = \frac{\sum\limits_{i=1}^{n} Q_i}{\sum\limits_{i=1}^{n} P_i} = \frac{Q_1 + Q_2 + Q_3}{\dfrac{Q_1}{S_1} + \dfrac{Q_2}{S_2} + \dfrac{Q_3}{S_3}} = \frac{585.8 + 784.7 + 295.4}{\dfrac{585.8}{4.17} + \dfrac{784.7}{2.53} + \dfrac{295.4}{1.53}} = 2.59(m^2/\text{工日})$$

（2）对于有些采用新技术、新工艺、新材料或特殊的施工方法，无定额可遵循，此时，可将类似项目的定额进行换算或根据经验资料确定定额。

（3）对于"其他工程"项目的劳动量或机械台班量，可根据合并项目的实际情况进行计算。实践中常根据工程特点，结合工地和施工单位的具体情况，以总劳动量的一定比例估算，一般约占总劳动量的 $10\% \sim 20\%$。

（4）水、暖、电、卫设备安装等工程项目，一般不计算劳动量和机械台班量，仅安排与一般土建单位工程配合的进度即可。

（四）确定各施工过程的持续时间

计算出各施工过程的劳动量或机械台班后，可以根据现有的人力或机械来确定各施工过程的作业时间，其具体方法和要求参见第三章第一节的内容。

（五）编制施工进度计划的初始方案

根据施工方案的选择中确定的施工顺序，确定各施工过程的持续时间、划分的施工段和施工层，并找出主导施工过程，按照流水施工的原则来组织合适的流水施工方式，绘制初始的横道图或网络计划，形成初始方案。

（六）施工进度计划的检查与调整

检查与调整的目的是使施工进度计划的初始方案满足规定的目标，无论采用流水作业还是网络计划技术，施工进度计划的初始方案均应进行检查、调整和优化。一般其主要内容有：

（1）各施工过程的施工顺序是否正确；流水施工的组织方法是否得当；间歇和搭接组织是否合理。

（2）编制的计划工期能否满足合同规定的工期要求。

（3）劳动力和物资资源方面是否能保证均衡、连续地施工。

根据检查结果，对不满足要求的进行调整，如增加或缩短某施工过程的持续时间、调整施工方法或施工技术组织措施等。总之，通过调整，在满足工期的条件下，达到使劳动力、材料、设备的需要趋于均衡，主要施工机械的利用合理的目的。

需要注意的是，上述施工进度计划编制步骤不是孤立的，而是相互依赖、互相联系的。同时还应当看到，由于建筑施工是一个非常复杂的生产过程，受周围客观条件的影响较多，并且在施工进度计划执行过程中，往往会因劳动力、机械设备和材料的供应、自然条件的影响，使其经常偏离原施工进度计划的要求。因此，在工程进展中应随时掌握施工动态，经常检查，不断调整计划。

第五节　施工准备与资源配置计划

一、施工准备

如第二章所述，施工准备工作既是单位工程开工的必要条件，也是完成施工任务的重要保证。开工之前的施工准备为顺利开工创造条件，开工之后的施工准备为后续的作业提供保障，因此,施工准备工作是贯穿于施工过程的始终。施工准备主要应当包括技术准备、现场准备和资金准备等。

(一)技术准备

技术准备应包括施工所需技术资料的准备,施工方案编制计划,试验检验及设备调试工作计划,样板制作计划等。具体要求如下:

(1)主要分部(分项)工程和专项工程在施工前应单独编制施工方案,施工方案可根据工程进展情况,分阶段编制完成;对需要编制的主要施工方案应制订编制计划。

(2)试验、检验及设备调试工作计划应根据现行规范、标准中的有关要求及工程规模、进度等实际情况制定。

(3)样板制作计划应根据施工合同或招标文件的要求,结合工程特点制订。

(二)现场准备

现场准备应根据现场施工条件和实际需要,准备现场生产、生活等临时设施。

(三)资金准备

资金准备应根据施工进度计划编制资金使用计划。

施工准备应编制施工准备工作计划,要有计划地进行。为便于检查、监督施工准备工作进展的情况,各项施工准备工作的内容应当有明确的分工,要有专人负责,有规定的期限,其表格形式如表6-3所示。

表6-3 施工准备工作计划表

序号	准备工作项目	工程量		简要内容	负责单位	负责人	开始日期	完成日期	备注
		单位	数量						
1									
2									
...									

二、资源配置计划

单位工程施工进度计划表编制完成后,根据施工图纸、施工方案、施工进度计划等相关资料,编制各项资源的配置计划,主要是劳动力计划和物资配置计划。这些计划是施工组织设计的组成部分,是施工单位做好施工准备和物资供应工作的主要依据,也是保证施工进度计划顺利实施的关键。

(一)劳动力配置计划

劳动力配置计划是安排劳动力的平衡、调配,衡量劳动力耗用指标,安排生活福利设施的依据。其编制方法是将各施工过程所需要的主要工种劳动力,根据施工进度的安排进行统计,编制出主要工种劳动力配置计划。如表6-4所示。编制劳动力配置计划时,应确定各施工阶段用工量,并根据施工进度计划确定各施工阶段劳动力配置计划。

表6-4　劳动力需要量计划表

序号	工种名称	人数	月			月			备注
			上旬	中旬	下旬	上旬	中旬	下旬	
1									
2									
...									

(二)物资配置计划

物资配置计划是根据施工部署和施工进度计划进行编制确定的,应包括以下两方面内容。

(1)主要工程材料和设备的配置计划应根据施工进度计划确定,包括各施工阶段所需主要工程材料、设备的种类和数量。其表格式样可参考表6-5。

表6-5　主要工程材料、设备配置计划表

序号	主要工程材料名称或设备名称	规格	需要量		供应时间	备注
			单位	数量		
1						
2						
...						

(2)工程施工主要周转材料和施工机具的配置计划应根据施工部署和施工进度计划确定,包括各施工阶段所需主要周转材料、施工机具的种类和数量。其表格式样可参考表6-6。

表6-6　主要周转材料、施工机具配置计划表

序号	主要周转材料或施工机具名称	规格	型号	需要量		使用起止日期	备注
				单位	数量		
1							
2							
...							

第六节　施工现场平面布置

单位工程施工现场平面布置是在施工用地范围内,对各项生产、生活设施及其他辅助设施等进行规划和布置,是施工组织设计的重要内容。施工现场平面布置既是布置施工现场的依据,也是施工准备的一项重要依据,它是实现文明施工、节约并合理利用土地、减少临时设施费用的先决条件。施工现场就是建筑产品的组装厂,由于建筑工程和施工场地的千差万别,使得施工现场平面布置因人、因地而异。合理布置施工现场,对保证工程施工顺利进行具有重要意义,施工现场平面布置应遵循方便、经济、高效、安全、环保、节能的原则。

一、施工现场平面布置的原则和依据

(一)施工现场平面布置的原则

施工现场平面布置与施工总平面布置的原则一致,都应遵循以下几方面的原则:

(1)平面布置科学合理,施工场地占用面积少。

(2)合理组织运输,减少二次搬运。

(3)施工区域的划分和场地的临时占用应符合总体施工部署和施工流程的要求,减少相互干扰。

(4)充分利用既有建(构)筑物和既有设施为项目施工服务降低临时设施的建造费用。

(5)临时设施应方便生产和生活,办公区、生活区和生产区宜分离设置。

(6)符合节能、环保、安全和消防等要求。

(7)遵守当地主管部门和建设单位关于施工现场安全文明施工的相关规定。

(二)施工现场平面布置的依据

在进行施工现场平面布置前,应首先研究施工方案,对施工现场做深入细致的调查,然后对施工现场平面布置所需要的资料进行收集、分析,从而使设计与施工现场的实际相符,使其确实起到指导施工现场空间布置的作用。其主要的依据有:

1. 设计与施工所依据的有关原始资料

(1)自然条件资料:如气象、地形、水文及工程地质资料,主要用于确定临时设施的位置,布置施工排水系统,确定易燃、易爆及妨害人体健康的设施的位置等。

(2)技术经济条件资料:如交通运输、水源、电源、物资资源、生产和生活基地情况等,主要用于布置水、电管线,道路,仓库位置及其他临时设施等。

2. 建筑、结构设计资料

(1)建筑总平面图。图中关于拟建、已建的房屋和构筑物,用于确定临时房屋及其他设施位置。

(2)地上及地下管线位置。场区内已有的水、电管网和道路,用于布置工地交通运输路线及排水设施。

3. 施工技术资料

(1)单位工程施工进度计划,根据进度计划的安排,便于分阶段布置现场平面。

(2)单位工程施工方案,以此确定起重机械的行走路线,安排其他施工机械的位置、构件预制和材料堆场的布置等。

(3)各种资源需要量计划。用于确定仓库和堆场的面积、尺寸和位置。

(4)施工组织总设计。

二、单位工程施工现场平面布置的内容

施工现场平面布置图应包括下列内容:

(1)工程施工场地状况。

(2)拟建建(构)筑物的位置、轮廓尺寸、层数等。

（3）工程施工现场的加工设施、存储设施、办公和生活用房等的位置和面积。

（4）布置在工程施工现场的垂直运输设施、供电设施、供水供热设施、排水排污设施和临时施工道路等。

（5）施工现场必备的安全、消防、保卫和环境保护等设施。

（6）相邻的地上、地下既有建（构）筑物及相关环境。

三、施工现场平面布置的设计步骤

施工现场平面布置的设计步骤如图6-5所示。

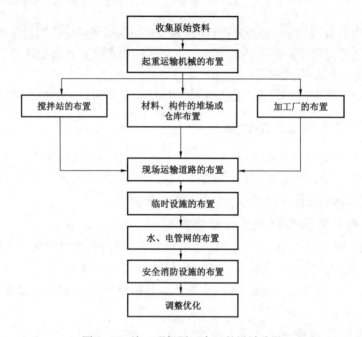

图6-5　施工现场平面布置的设计步骤

一般设计步骤是：通过收集原始资料，确定起重运输机械的位置→确定搅拌站、加工厂、仓库、材料堆场（构件堆场）的尺寸和位置→布置运输道路→布置临时设施→布置水电管网→布置安全消防设施→调整优化。

（一）起重运输机械平面位置的确定

起重运输机械的位置直接影响搅拌站、加工厂及各种材料、构件的堆场或仓库等的位置，还会影响道路、临时设施及水、电管网的布置等，因此，它是施工现场平面布置的中心环节，应首先确定。

1. 固定式垂直运输机械

固定式垂直运输机械有井架、龙门架、桅杆等，这类设备的布置主要根据机械性能、建筑物的平面形状和尺寸、施工段划分的情况、材料来向和已有运输道路情况而定。其布置原则是，充分发挥起重机械的能力，并使地面和楼面的水平运距最小。布置时应考虑以下几个方面。

（1）当建筑物各部位的高度相同时，应布置在施工段的分界线附近；当建筑物各部位的高度不同时,应布置在高低分界线较高部位一侧,以使楼面上各施工段的水平运输互不干扰。

(2)井架、龙门架的位置以布置在窗口处为宜,以减少砌墙留槎和减少井架拆除后的修补工作。其数量要根据施工进度、垂直提升构件和材料的数量、台班工作效率等因素计算确定,其服务范围一般为 50～60m。

(3)卷扬机的位置不应距离起重机械过近,以便司机的视线能够看到整个升降过程。一般要求此距离大于建筑物的高度,水平距外脚手架至少 3m 以上。

2. 塔式起重机

塔式起重机是集起重、垂直提升、水平运输等三种功能为一体的机械设备,是目前多层和高层建筑施工现场最常用的施工设备之一。按其在工地上的搭设要求可分为固定式、有轨式、附着式和内爬式四种。其布置要根据现场建筑物四周的施工场地的条件及吊装工艺来综合考虑。

1)有轨式塔式起重机的平面布置

有轨式塔式起重机的轨道一般沿建筑物的长度方向布置,其位置和尺寸取决于建筑物的平面形状和尺寸、构件自重、起重机的性能及四周施工场地的条件。通常轨道布置方式有三种:单侧布置、双侧布置和环状布置。当建筑物宽度较小、构件自重不大时,可采用单侧布置方式;当建筑物宽度较大、构件自重较大时,应采用双侧布置或环形布置方式。

轨道布置完成后,应绘制出塔式起重机的服务范围。它是以轨道两端有效端点的轨道中点为圆心、以最大回转半径为半径画出两个半圆,连接两个半圆,即为塔式起重机服务范围。在确定塔式起重机服务范围时,一方面要考虑将建筑物平面最好包括在塔式起重机服务范围之内,以确保各种材料和构件直接吊运到建筑物的设计部位上去,尽可能避免死角。另一方面,在确定塔式起重机服务范围时,还应考虑有较宽敞的施工用地,以便安排构件堆放及搅拌出料进入料斗后能直接挂钩起吊。主要临时道路也宜安排在塔吊服务范围之内。

2)固定式、附着式、内爬式塔式起重机的平面布置

这三种塔式起重机的平面布置要求和方式与有轨塔式起重机基本一样,只是服务范围要小,它是以塔吊架中心为圆心、以最大回转半径为半径画圆,即为这类塔式起重机服务范围。在平面布置时,要在起重臂操作范围内,使起重幅度能将材料和构件运至建筑物施工平面的任何地点,避免出现死角,如果确实难以避免,则要求死角范围越小越好,同时在死角上不出现吊装最重、最高的构件,并且在确定吊装方案时,提出具体的安全技术措施,以保证死角范围内的构件顺利安装。在高度和服务半径范围内,也不允许出现类似高压线的影响吊装的障碍物出现。

3. 无轨自行式起重机

无轨自行式起重机械分为履带式、轮胎式、汽车式。它一般不专门用作水平运输和垂直运输,常用作构件的装卸和起吊,适用于装配式单层工业厂房主体结构的吊装,也可用于其他结构大梁及楼板等较重构件的吊装。其吊装时的开行路线及停机位主要取决于建筑物的平面布置、构件的质量、吊装的高度和吊装的方法等。

4. 建筑施工电梯

一般的建筑施工电梯都是人货两用电梯,用于施工期间的施工作业人员和建筑材料的垂

直运输,是高层建筑施工必不可少的设备之一。施工电梯的类型要考虑建筑类型、建筑面积、运输量等因素,其平面布置要方便人员上下和物料集散。

(二)搅拌站及各种材料、构件的堆场或仓库的布置

当起重机位置确定后,再布置材料、构件的堆场及搅拌站。搅拌站,各种材料、构件的堆场或仓库的布置中,主要应解决的问题是平面布置和仓库、堆场的面积确定。

1. 平面布置

搅拌站,各种材料、构件的堆场或仓库的平面位置应尽量靠近使用地点或在起重机服务范围之内,并考虑运输和装卸的方便,应主要考虑以下几方面的内容:

(1)材料堆放应尽量靠近使用地点,减少或避免二次搬运,并考虑运输及卸料方便。但也要考虑施工安全,避免影响施工。比如基础施工时,使用的各种材料可堆放在基础四周,但不宜距基坑(槽)边缘太近,以防压塌土壁,造成安全事故。

(2)当采用固定式垂直运输设备时,材料、构件堆场应尽量靠近垂直运输设备,以缩短地面水平运距;当采用塔式起重机时,材料、构件堆场以及搅拌站出料口等均应布置在塔式起重机有效服务范围之内;当采用无轨自行式起重机时,材料、构件堆场及搅拌站的位置,应沿着起重机的开行路线布置,且应在起重臂的最大起重半径范围之内。

(3)预制构件的堆放位置要考虑到吊装顺序。先吊的放在上面,后吊的放在下面,预制构件进场的时间应与吊装就位密切配合,尽可能避免二次搬运。

(4)搅拌站的位置应尽量靠近使用地点、靠近垂直运输设备或在塔吊的服务半径内。比如在浇筑大型混凝土基础时,可将搅拌站直接设在基础边缘以减少运输,待混凝土浇完后再转移搅拌机。另外,组成混凝土原料的砂、石堆场及水泥仓库等应紧靠搅拌站布置。同时,搅拌站的位置还应考虑这些材料运输和装卸的方便。

(5)加工厂(如木工棚、钢筋加工棚)的位置宜布置在建筑物四周稍远位置,且应有一定的材料、成品的堆放场地;石灰仓库、淋灰池的位置宜靠近搅拌站,并设在下风口,沥青堆放场及熬制锅的位置应远离易燃物品,也应设在下风口。

2. 仓库、堆场面积的确定

确定堆场或仓库的面积可采用以下公式计算:

$$F = \frac{q}{P} \tag{6-4}$$

$$q = \frac{nQ}{T} \tag{6-5}$$

式中　F——堆场或仓库面积,包括通道面积,m^2;

　　　P——每平方米堆场或仓库面积上可存放的材料数量(表6-7);

　　　q——材料储备量;

　　　n——储备时间,d;

　　　Q——计划期内的材料需要量;

　　　T——需用该材料的施工时间,d。

表 6 -7　仓库堆场面积计算用参数

序号	材料名称	储备时间,d	每平方米储备量	堆置高度,m	仓库类型
1	水泥	20~40	1.4t	1.5	库房
2	石、砂	10~30	1.2m³	1.5	露天
3	石膏	10~20	1.5t	2.0	棚
4	砖	10~30	0.6 千块	1.5	露天
5	卷材	20~30	0.8 卷	1.2	库房
6	钢管	30~50	0.6t	1.2	露天
7	钢筋成品	3~7	0.54t		露天
8	钢筋骨架	3~7	0.32t		露天
9	钢筋混凝土板	3~7	0.19m³	2.0	露天
10	钢模板	3~7	15m³	1.8	露天
11	钢筋混凝土梁	3~7	0.3m³	1.3	露天
12	大型砌块	3~7	0.9m³	1.5	露天

(三)现场运输道路的布置

现场运输道路应按材料和构件运输的需要,沿着仓库和堆场进行布置。尽可能利用永久性道路,或先做好永久性道路的路基,在交工之前再铺路面。道路宽度要符合规定,通常单行道宽度应不小于3m,双行道宽度应不小于6m。现场运输道路布置时应保证车辆行驶通畅,有回转的空间。因此,最好围绕建筑物布置成一条环形道路,以便运输车辆回转,调头方便。道路两侧一般应结合地形设置排水沟,沟深不小于0.4m,底宽不小于0.3m。

(四)行政管理、文化、生活、福利等非生产性临时设施的布置

办公室、工人休息室、门卫室、开水房、食堂、浴室、厕所等非生产性临时设施的布置,应考虑使用方便、不妨碍施工,符合安全、防火的要求。要尽量利用已有设施或已建工程,如必须修建时,要经过计算,合理确定面积,努力节约临时设施费用。通常,办公室、门卫、收发室的布置应靠近施工现场,宜设在工地出入口处;工人休息室应设在工人作业区;宿舍应布置在安全的上风口。

(五)临时水、电管网的布置

1. 施工供水管网的布置

施工用供水管网要经过计算、设计,然后进行设置,现场临时供水包括生产用水、机械用水、生活用水、消防用水等,应尽可能利用永久性供水系统,以减少费用。因此,在施工前应先修建永久性给水系统的干线,然后再布置施工现场内的给水管网。施工现场内的管网布置通常按以下方式布置:

(1)单位工程施工组织设计的供水计算和设计可以简化或根据经验进行设置,一般1000~10000m²的建筑物,施工用水的总管径可取100mm,支管径取40mm或25mm。

(2)消防用水一般利用城市或建设单位的永久消防设施。如自行安排,应按有关规定设置,消防水管线的直径一般不小于100mm,消火栓间距不大于120m,布置应靠近十字路口或路

边,距路边不应大于2m,距建筑物外墙不应小于5m,也不应大于25m,且应设有明显的标志。消防设施周围3m以内不准堆放建筑材料。

（3）高层建筑的施工用水应设置蓄水池和加压水泵,以满足高空用水的需要。

（4）管线布置时应使线路长度最短,消防水管和生产、生活用水管线可合并设置。

（5）为了及时排除地表水和地下水,应连通下水管道,最好与永久性排水系统相结合,同时,还要在建筑物周围设置排除地表水和地下水的排水沟。

2. 施工用电网的布置

施工用电量主要包括电动机用电量、电焊机用电量、室内和室外照明电量等。随着施工机械化程度的不断提高,用电量也在不断增加,施工用电网的布置应着重考虑以下几方面的要求：

（1）为施工方便,施工现场一般应采用架空配电线路,架空配电线路与地面距离不小于5m,离建筑物不小于10m,跨越建筑物或临时设施时,垂直距离不小于2.5m。

（2）扩建的单位工程施工,可计算出施工用电总数,由建设单位解决,不另设变压器。

（3）单独新建的单位工程施工,要计算出现场施工用电和照明用电的数量,选择变压器和导线的截面及类型。变压器应布置在现场边缘高压线接入处,距地面高度应大于30cm,在2m以外四周用高度大于1.7m的铁丝网围住,以确保安全。

必须指出,建筑施工是一个复杂多变的生产过程,各种施工材料、构件、机械等随着工程的进展而逐渐进场,又随着工程的进展而不断消耗、变动,因此,在整个施工生产过程中,现场的实际布置情况是在随时变动着的。因此,对于大型工程、施工期限较长的工程或现场较为狭窄的工程,就需要按不同的施工阶段来分别布置几张施工平面图,以便将在不同的施工阶段内现场的合理布置情况全面地反映出来。

第七节 主要施工管理计划

施工管理计划在目前多作为管理和技术措施编制在施工组织设计中,这是施工组织设计必不可少的内容。施工管理计划涵盖很多方面的内容,实际生产中,在编制施工组织设计时,可根据工程的具体情况加以取舍,各项管理计划可单独成章,也可穿插在施工组织设计的相应章节中。

在各项管理计划编制的时候,企业可以根据项目的特点有所侧重。

施工管理计划应包括进度管理计划、质量管理计划、安全管理计划、环境管理计划、成本管理计划以及其他管理计划等内容。

一、进度管理计划

保证实现项目施工进度目标的管理计划。包括对进度及其偏差进行测量、分析、采取的必要措施和计划变更等。施工进度计划的实现离不开管理上和技术上的具体措施。另外,在工程施工进度计划执行过程中,由于各方面条件的变化经常使实际进度脱离原计划,这就需要施工管理者随时掌握工程施工进度,检查和分析进度计划的实施情况,及时进行必要的调整,保证施工进度总目标的完成。

项目施工进度管理应按照项目施工的技术规律和合理的施工顺序,保证各工序在时间上和空间上的顺利衔接。不同的工程项目,其施工技术规律和施工顺序不同。即使是同一类工程项目,其施工顺序也难以做到完全相同。因此必须根据工程特点,按照施工的技术规律和合理地组织关系,解决各工序在时间上和空间上的先后顺序和搭接问题,以达到保证质量、安全施工、充分利用空间、争取时间、实现经济合理安排进度的目的。进度管理计划应当包括以下几方面的内容:

(1)对项目施工进度计划进行逐级分解,通过阶段性目标的实现保证最终工期目标的完成。在施工活动中通常是通过对最基础的分部(分项)工程的施工进度控制,来保证各个单项(单位)工程或阶段工程进度控制目标的完成,进而实现项目施工进度控制总体目标。因而需要将总体进度计划进行一系列从总体到细部、从高层次到基础层次的层层分解,一直分解到在施工现场可以直接调度控制的分部(分项)工程或施工作业过程为止。

(2)建立施工进度管理的组织机构并明确职责,制定相应管理制度。施工进度管理的组织机构是实现进度计划的组织保证,它既是施工进度计划的实施组织,又是施工进度计划的控制组织,既要承担进度计划实施赋予的生产管理和施工任务,又要承担进度控制目标,对进度控制负责,因此,需要严格落实有关管理制度和职责。

(3)针对不同施工阶段的特点,制定进度管理的相应措施,包括施工组织措施、技术措施和合同措施等。

(4)建立施工进度动态管理机制,及时纠正施工过程中的进度偏差,并制定特殊情况下的赶工措施。面对不断变化的客观条件,施工进度往往会产生偏差,当发生实际进度比计划进度超前或落后时,控制系统就要做出应有的反应。然后,根据实际情况,分析偏差产生的原因,采取相应的措施,调整原来的计划,使施工活动在新的起点上按调整后的计划继续运行,如此循环往复,直至预期计划目标的实现。

(5)根据项目周边环境特点,制定相应的协调措施,减少外部因素对施工进度的影响。项目周边环境是影响施工进度的重要因素之一,其不可控性大,必须重视诸如环境扰民、交通组织和偶发意外等因素,采取相应的协调措施。

二、质量管理计划

保证实现项目施工质量目标的管理计划。包括制定、实施、评价所需的组织机构、职责、程序以及采取的措施和资源配置等。工程质量目标的实现需要具体的管理和技术措施,根据工程质量形成的时间阶段,工程质量管理可分为事前管理、事中管理和事后管理,质量管理的重点应放在事前管理。

质量管理计划可参照《质量管理体系要求》(GB/T 19001—2008)的要求,在施工单位质量管理体系的框架内组织编制。施工单位应按照《质量管理体系要求》(GB/T 19001—2008)建立本单位的质量管理体系文件。可以独立编制质量计划,也可以在施工组织设计中,合并编制质量计划的内容。质量管理应按照PDCA循环模式,加强过程控制,通过持续改进,提高工程质量。质量管理计划应包括以下几方面的内容:

(1)按照项目具体要求,确定质量目标,并进行目标分解,质量指标应具有可测量性。项目质量目标应具体,质量目标应不低于工程合同明示的要求。质量目标应尽可能地量化和层层分解到最基层,建立阶段性目标,增强可控性。

(2)建立项目质量管理的组织机构并明确职责。应明确质量管理组织机构中各重要岗位的职责,与质量有关的各岗位人员应具备与职责要求匹配的相应知识、能力和经验。

（3）制定符合项目特点的技术保障和资源保障措施，通过可靠的预防控制措施，保证质量目标的实现。应采取各种有效措施，确保项目质量目标的实现；这些措施包含但不局限于：原材料、构配件、机具的要求和检验，主要的施工工艺、主要的质量标准和检验方法，夏期、冬期和雨期施工的技术措施，关键过程、特殊过程、重点工序的质量保证措施，成品、半成品的保护措施，工作场所环境、劳动力和资金的保障措施等。

（4）建立质量过程检查制度，并对质量事故的处理做出相应规定。按质量管理八项原则中的过程方法要求，将各项活动和相关资源作为过程进行管理，建立质量过程检查、验收以及质量责任制等相关制度，对质量检查和验收标准做出规定，采取有效的纠正和预防措施，保障各工序和过程的质量。

三、安全管理计划

保证实现项目施工职业健康安全目标的管理计划。包括确定实施所需的组织机构、职责、程序以及采取的措施和资源配置等。建筑工程施工安全管理应贯彻"安全第一、预防为主"的方针。施工现场的大部分伤亡事故是由于没有安全技术措施、缺乏安全技术知识、不做安全技术交底、安全生产责任制不落实、违章指挥、违章作业造成的。因此，必须建立完善的施工现场安全生产保证体系，才能确保施工的安全和健康。

安全管理计划可参照《职业健康安全管理体系规范》（GB/T 28001—2011）的要求，在施工单位安全管理体系的框架内进行编制。目前大多数施工企业基于《职业健康安全管理体系规范》（GB/T 28001—2011），通过了职业健康安全管理体系的认证，建立了企业内部的安全管理体系。安全管理计划应在企业安全管理体系的框架内，针对项目的实际情况编制。建筑施工安全事故（危害）通常分为七大类——高处坠落、机械伤害、物体打击、坍塌倒塌、火灾爆炸、触电、窒息中毒。安全管理计划应针对项目具体情况，建立安全管理组织，制定相应的管理目标、管理制度、管理控制措施和应急预案等。

安全管理计划应包括以下几方面的内容：

（1）确定项目重要危险源，制定项目职业健康安全管理目标。

（2）建立有管理层次的项目安全管理组织机构，并明确职责。

（3）根据项目特点，进行职业健康安全方面的资源配置。

（4）建立具有针对性的安全生产管理制度和职工安全教育培训制度。

（5）针对项目重要危险源，制定相应的安全技术措施；对达到一定规模的危险性较大的分部（分项）工程和特殊工种的作业应制定专项安全技术措施的编制计划。

（6）根据季节、气候的变化制定相应的季节性安全施工措施。

（7）建立现场安全检查制度，并对安全事故的处理做出相应规定。

四、环境管理计划

保证实现项目施工环境目标的管理计划。包括制定、实施所需的组织机构、职责、程序以及采取的措施和资源配置等。建筑工程施工过程中不可避免地会产生施工垃圾、粉尘、污水以及噪声等环境污染，制定环境管理计划就是要通过可行的管理和技术措施，使环境污染降到最低。

环境管理计划可参照《环境管理体系　要求及使用指南》（GB/T 24001—2016），在施工单位环境管理体系的框架内编制，施工现场环境管理越来越受到建设单位和社会各界的重视，同时各地方政府也不断出台新的环境监管措施,环境管理计划已成为施工组织设计的重要组成部分。对于通过了环境管理体系认证的施工单位,环境管理计划应在企业环境管理体系的框架内,针对项目的实际情况编制。环境管理计划应包括下列内容:

(1)确定项目重要环境因素,制定项目环境管理目标。

(2)建立项目环境管理的组织机构并明确职责。

(3)根据项目特点进行环境保护方面的资源配置。

(4)制定现场环境保护的控制措施。

(5)建立现场环境检查制度,并对环境事故的处理做出相应的规定。

五、成本管理计划

保证实现项目施工成本目标的管理计划。包括成本预测、实施、分析、采取的必要措施和计划变更等。由于建筑产品生产周期长,造成了施工成本控制的难度。成本管理的基本原理就是把计划成本作为施工成本的目标值,在施工过程中定期地进行实际值与目标值的比较,通过比较找出实际支出额与计划成本之间的差距,分析产生偏差的原因,并采取有效的措施加以控制,以保证目标值的实现(或减小差距)。

成本管理计划应以项目施工预算和施工进度计划为编制依据,成本管理是与进度管理、质量管理、安全管理和环境管理等同时进行的,是针对整体施工目标系统所实施的管理活动的一个组成部分。在成本管理中,要协调好与进度、质量、安全和环境等的关系,不能片面强调成本节约。成本管理计划应包括下列内容:

(1)根据项目施工预算,制定项目施工成本目标。

(2)根据施工进度计划,对项目施工成本目标进行阶段分解。

(3)建立施工成本管理的组织机构并明确职责,制定相应管理制度。

(4)采取合理的技术、组织和合同等措施,控制施工成本。

(5)确定科学的成本分析方法,制定必要的纠偏措施和风险控制措施。

六、其他管理计划

其他管理计划宜包括绿色施工管理计划、防火保安管理计划、合同管理计划、组织协调管理计划、创优质工程管理计划、质量保修管理计划以及对施工现场人力资源、施工机具、材料设备等生产要素的管理计划等。

对于不同的施工企业来说,资质不同,所具备的各项资源和条件也有所不同,在编制各项管理计划时,可根据项目的特点和复杂程度加以取舍。但各项管理计划的内容应有目标、有组织机构、有资源配置、有管理制度和技术、有组织措施等。

复习思考题

1. 请简述单位工程施工组织设计的编制依据和编制程序。

2. 单位工程施工组织设计有哪些内容?

3. 单位工程施工组织设计的工程概况应当包含哪些内容?

4. 工程施工有哪些主要目标?

5. 确定施工流程应当考虑哪些因素?

6. 如何确定施工顺序？

7. 施工部署应当包括哪些内容？

8. 施工方案应当包含哪些内容？

9. 请简述施工进度计划编制的步骤和方法。

10. 施工现场平面布置有哪些原则和内容？

11. 施工平面布置的步骤是什么？

12. 主要施工管理计划包含哪些内容？

13. 进度管理计划有哪些内容？质量管理计划有哪些内容？

14. 什么是安全管理、环境管理和成本管理？

附录 ×××调度中心建筑工程施工组织设计

一、编制依据

（1）×××设计院提供的×××调度中心建筑工程全套施工图纸及图纸会审记录。

（2）×××调度中心建筑工程施工合同、本工程招标文件、中标通知书及答疑纪要。

（3）现行的行业规范、质量验收规范、技术操作规程、施工工艺标准、标准图集、地方法规和条例（表略）。

（4）公司的管理水平、技术力量、劳动力、劳动力技术、机械装备和以往同类型住宅施工方案和经验。

（5）施工现场的地形、地貌、地上与地下的障碍物、工程地质勘测报告、水文地质、气象资料、交通运输道路情况。

（6）劳动力情况，材料、预制构件来源及其供应情况，施工机具配备及其生产能力，建设单位可能提供的临时房屋数量，水、电供应量情况。

二、工程概况

（一）工程主要情况

工程主要情况见附表1。

附表1 工程主要情况表

工程名称	×××调度中心建筑工程	工程编号		工程性质	民建
工程建设地点	×××市天马转盘西环路以南3.5km处				
开工日期	2015.3.15	竣工日期	2015.9.10	工程造价	
工程建设单位		项目负责人		联系方式	
项目总承包单位		法定代表人		联系方式	
项目分包单位		法定代表人		联系方式	
施工项目负责人		资格等级		联系方式	
勘查单位		项目负责人		联系方式	
设计单位		项目负责人		联系方式	
监理单位		项目总监		联系方式	
工程承包范围			分包工程范围		
工程施工重点简介					

（二）各专业简介

1. 建筑设计简述

（1）×××股份有限公司×××分公司调度中心建筑工程土建安装工程是×××股份公司投资的新建项目，位于×××市天马转盘西环路以南 3.5km 处。图纸设计建筑面积为 6215.28m²；跨度 7.2m，檐高 28.65m，层数为六层；场地面积约 13.626 亩。

（2）建筑设计等级：根据建设部《民用建筑工程设计等级分类表》规定，本工程设计等级为二级。

（3）防火等级：根据《建筑设计防火规范》（GB 50016—2014）规定，本工程地上耐火等级为二级。

（4）防水等级：本工程屋面防水为Ⅱ级（15 年）。屋面防水为 45#SBS 带保护层改性沥青防水卷材一道，厚 4mm，上翻至女儿墙压顶下。SBS 带保护层改性沥青防水涂膜一道，厚 3mm。

2. 结构设计

（1）抗震等级：根据国家抗震烈度划分区域表显示，本工程抗震设防烈度为 7 度。

（2）抗震设防类别：根据《建筑工程设防分类标准》（GB 50223—2008）规定，本工程为标准设防类（简称丙类）。

（3）结构形式：框架结构。

（4）建设设计使用年限：50 年。

（5）基础及墙体。本工程为钢混凝土框架结构。外填充墙（0～28.2m）采用 B06 混凝土加气块，女儿墙为钢筋混凝土，外保温采用 STO 岩棉保温板 50 厚。水平防潮层采用室内地面下 60mm，20mm 厚 1∶2 水泥砂浆掺 3% 防水粉。

3. 工程施工条件

（1）地质、气象条件。本工程地处×××市 313 线以南距天马转盘 3.5km 处。地表为回填土。年平均气温 25℃左右。本工程交通比较便利，地下水位较低，暂不考虑地下水对施工的影响。

（2）土壤腐蚀性评价。根据设计文件及地勘资料腐蚀介质对混凝土结构的腐蚀情况，为中等腐蚀。

（3）施工现场用电由甲方指定变压器接入，能够满足生活区及施工现场用电需求。

（4）施工用水由甲方指定的水源接入。

（5）原场地地形情况单一，经勘验无地下管线，无地下文物等。施工场区内手机信号良好，不影响联络。

（6）垂直运输采用一台塔吊，混凝土浇筑以商品混凝土为主、自拌混凝土为辅；砌筑砂浆水平运输采用小翻斗车辅助进行。

三、施工部署

（一）工程施工目标

（1）安全目标：火灾事故为 0，一般事故月频率为 0，年平均指标控制在 1‰ 以内；杜绝火灾、油气泄漏、食物中毒等重大事故;杜绝环境事故(事件)、严重职业病危害和重大事故。

(2)质量目标:按照国家《建筑工程施工质量验收统一标准》(GB 50300—2013),一次验收合格,质量标准为合格。

(3)文明施工目标:根据文明施工标准化工地要求和安全文明施工规范,争创自治区安全文明工地。材料、设备堆放整齐,保持场地卫生,做好现场环境保护工作,防止水污染、大气污染与植被破坏。

(4)总工期目标:180天。

(二)施工组织机构

1. 项目组织机构及职责分工

(1)项目组织机构。成立适合本工程的安全、质量、环保要求的组织机构——项目经理部。严格按照项目法组织施工生产,公司选派年富力强,具有丰富施工经验和管理能力的项目经理担任该项目的项目经理,实行项目负责制,下设各职能部门,全部管理人员具有相应资质并持证上岗。

(2)项目组织机构图如附图1所示。

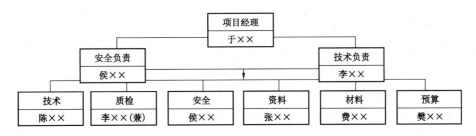

附图1 项目组织机构图

(3)项目部管理人员分工职责如附表2所示。

附表2 项目部管理人员分工职责表

序号	姓名	职务	职称	联系电话	管理职责
1	于××	项目经理			工程全面负责
2	李××	技术总工			土建技术总负责
3	侯××	安全负责人			安全、消防、环保、文明施工直接负责
4	李××(兼)	质检负责人			工程质量检查
5	李××	施工队长			现场协调
6	陈××	施工技术员			土建现场施工
7	张××	资料负责人			工程资料收集整理
8	费××	材料负责人			工程材料供应
9	樊××	预算负责人			预算总协调

2. 项目岗位机构岗位责任制

(1)项目经理责任制(略)。

（2）项目副经理责任制（项目经理兼）（略）。

（3）项目总工程师（技术负责人）责任制（略）。

（4）质量工程师（质检员）岗位责任（略）。

（5）安全工程师（安全员）质量责任制（略）。

（6）专业工程师（专业技术员）责任制（略）。

（7）实验员质量责任制（由现场施工员与材料员完成）（略）。

（8）材料工程师（材料员）岗位职责（略）。

（9）设备工程师（设备员）责任制（本项由安全员完成）（略）。

（10）资料工程师（资料员）责任制（略）。

（11）劳资统核员岗位责任制（略）。

（12）计划定额员责任制（本项由现场材料员完成）（略）。

（13）施工员（工长）责任制（略）。

（14）队长（班长）责任制（略）。

（15）操作工人责任制（略）。

（三）施工顺序

1. 总体施工顺序的部署原则

施工总体方案按照先地下、后地上，先结构（框架）主体、后建筑装饰装修，建筑安装与配套系统安装穿插施工，最后进行各专业系统调试和交工验收的原则进行部署。

2. 施工主要工艺流程

施工准备→轴线测量→基坑开挖→基础垫层混凝土→基础混凝土→基坑回填→轴线复测→柱、梁、板筋绑扎模板及支撑→隐蔽工程验收→首层混凝土浇筑→混凝土养护（楼面弹线）→进入下一个施工循环→外墙脚手架搭设适时插入→结构验收→门窗工程、墙体工程→安装施工→屋面防水施工→外墙装修、内墙装饰（门窗安装）→安装收头（竣工扫尾）→竣工验收。

四、施工准备工作与资源配置计划

（一）施工准备工作

1. 现场准备

（1）考察现场，复核并进行保护。

（2）根据工程需要和现场情况，搭设现场施工围护设施。

（3）会同建设单位、监理单位，对电缆、水管线、临时用电设备进行开工前的安全检查和记录。

（4）施工用水：施工用水由城市供水管网接入。

（5）施工用电：本工程以结构施工阶段用电量最大，主要设备的用电量详见附表2，本工程电源由指定安装的变压器接入，具体用电量计算及详细设计详见临时用电方案。

2. 技术准备

（1）组织各专业技术人员和预算人员熟悉设计图纸和现场实际，对设计方案和图纸进行自审,提出疑问,形成记录,在业主单位组织的图纸答疑会上请求答复。

(2)根据工程的特点,进行工程技术交底,交底的内容包括图纸交底,施工组织设计交底、施工方案交底、文明施工交底、安全环保交底、降低成本措施交底,严格按设计及规范、审批的施工组织设计进行施工,执行分部、分项、检验批技术交底制度。

(3)预算人员根据设计图纸、图纸会审纪要和预算定额来编制施工预算。收集和补充工程相关的规程、规范、图集和标准等技术文件资料。

(4)项目经理组织管理及技术人员学习公司质量环境和 HSE/OSH 管理手册及程序文件,编制作业计划书。

(5)编制试验检验及设备调试工作计划、样板制作计划。

(6)主要分部(分项)工程和专项工程在施工前单独编制施工方案。

3. 资金准备

为保证工程的进度按计划顺利进行,公司设立专门的账户负责本工程的资金调度,并预拨足够的资金作为项目的启动资金,以保证工程的顺利实施。

(二)资源配置计划

1. 物资配置计划

切实做好物资准备工作,及时上报工程设备、材料计划,落实预加工件的预制,施工所需机器具和生产工艺设备准备情况等。

(1)施工现场主要用电设施情况见附表3。

附表3　施工现场主要用电设施情况

机械设备类型	机械设备名称	型号规格	额定功率,kW	数量,台	总电量,kW
运输设备	塔吊	QTZ40	25	1	25
钢筋加工设备	钢筋弯曲机	GW40	4	1	4
	钢筋切断机	GJ40 – 1	5.5	1	5.5
	交流电焊机	BX	15	2	30
	套丝机	QT4B – 1	1.5	1	1.5
	钢筋调直设备	GSH – 32	3.2	1	3.2
混凝土施工机械	混凝土搅拌机	JZM350	11	2	22
	插入式振动器	ZX – 50	1.1	4	4.4
	平板式振动器	ZW – 5	1.1	2	2
木工机械	圆盘锯	ϕ350	3	1	3
	平刨	MQ105	2	1	2
其他设备	打夯机	平板	2.5	1	2.5
	切割机	CGI – 30	1	1	1
	场区照明		10.0	—	10
合计					116.1

（2）拟投入主要施工机械或设备的情况见附表4。

附表4　拟投入主要施工机械或设备的情况

施工机械或设备的类型	机械或设备名称	型号规格	数量	国别产地	制造年份	生产能力
土方机械	挖沟机	PC220	1	山东	2003	良好
	装载机	350L	1	柳州	2005	良好
	打夯机	平板	1	兰州	2003	良好
	自卸汽车	装载量12t	4	湖北	2004	良好
	压路机		1	江苏	2005	良好
钢筋加工机械	钢筋弯曲机	GW6－40	1	河南	2003	良好
	钢筋切断机	GQ40	1	河南	2003	良好
	电焊机	BX	1	成都	2003	良好
	套丝机	QT4B－1	1			良好
	钢筋调直设备	GSH－32	1	河南	2006	良好
木工机械	平刨	MQ105	1	山东	2004	良好
	圆盘锯	MJ105	1	山东	2004	良好
混凝土施工机械	混凝土双轴搅拌机	JZM－350	2	新疆	2007	良好
	插入式振动机	ZN50	4	江苏	2004	良好
安装机具	试压泵	压强40MPa	1		2003	良好
	电动套丝机	QT4B－1	1	上海	2005	良好
	切割机	CGI－30	1	乌市	2006	良好
	氧气、乙炔瓶		4	乌市	2003	良好
其他设备	计算机	联想	3	北京	2005	良好
	打印机	汇普	1	北京	2005	良好

（3）主要施工检测仪器配备见附表5。

附表5　主要施工检测仪器配备

序号	名称	规格	数量	进场日期	备注
1	经纬仪	ET－02	1台	2013.3.20	检定合格
2	水准仪	DZS3	2台	2013.3.20	检定合格
3	靠尺	长2m	30根	2013.3.20	检定合格
4	钢尺	长50m	2把	2013.3.20	检定合格
5	钢卷尺	长5m	10把	2013.3.20	检定合格
6	混凝土试模	150mm×150mm×150mm	4组	2013.3.20	检定合格
7	砂浆试模	70.7mm×70.7mm×70.7mm	3组	2013.3.20	检定合格
8	混凝土坍落度筒		1只	2013.3.20	检定合格
9	兆欧表	500V	1只	2013.3.20	检定合格
10	万用表	0～500V	1只	2013.3.20	检定合格
11	力矩扳手		1把	2013.3.20	检定合格

2. 劳动力配置计划

（1）根据施工图纸确定的工程量，施工组织设计和施工方案，编制劳动力需用量计划。

（2）根据工程特殊性和专业需要，组织劳动力进行上岗培训，培训内容包括规章制度、操作技术、文明施工、安全环保等，并应注重技能和素质的提高。

（3）劳动力计划见附表6。

附表6　劳动计划表　　　　　　　　　　　　　　　　单位：人

工种	2013 年					
	3 月	4 月	5 月	6 月	7 月	8 月
普工	20	20	30	30	40	10
瓦工	10	20	10	30	30	5
模板工	15	20	20	30	30	5
钢筋工	2	20	20	30	30	5
混凝土工	2	10	10	10	10	5
抹灰工	2	5	5	20	20	
架子工	2	4	20	20	20	2
木工	1	2	4	4	4	2
油漆涂料工	1	2	2	6	6	2
管工、钳工	1	2	2	4	4	1
电工	1	2	2	2	2	1
电气焊工	1	2	2	2	4	2
搅拌机工	1	2	2	2	2	1
防腐工	4	8	2	2	1	1
保温工	0	0	0	12	12	5
塔吊司机	2	2	2	2	2	2
司机	3	3	3	3	3	3

五、施工方案

（一）测量工程

（1）工程特点：本工程平面布置比较简单，采用校验过的全站仪与经纬仪可以满足施工测量要求。

（2）总体方案：利用已测设的建筑坐标控制点，布设边角控制网，增设外控点、内控点及延伸点。分别在外控制点上架设全站仪，利用方位角、距离，使用极坐标法放出定位点。

（3）人员投入及选用设备：本工程由具有专业技术和经验，并培训、考核合格的施工技术人员组成测放组，由本工程技术负责人任组长。为确保工程测量精度，保证平面位置、垂直度及标高的正确，在测量前，对准备投入使用的仪器依规范进行全面检验和校正。

（4）工程定位后，须经城市规划部门进行复核，经复核确认后才能进入下步工作。工程网点要经常进行复核校正，发现移位要及时恢复并复测，以保证网点的正确性。

（5）根据设计院提供的竖向设计图中所标注的高程网点引测建筑物的高程。

（6）建筑平面轴线控制，使用经纬仪确定建筑物外场地埋设的控制点，将其设置在基础垫层上，并在垫层外设轴线、高程控制点。根据平面控制轴线进行平面基础定位放线，基础施工完工后将轴线、高程引线引到基础壁上，进行建筑物轴线高程的复测，复测无误后，将轴线向内退1m线作为轴线控制线，在控制线的交点处分别预埋一块钢板，将交点在钢板上打上标记，以此点作为下一楼层的定位控制点。土方开挖也可以利用这些设定网点进行测量。基础施工前，在防水层垫层面上，利用场外网点，用经纬仪将轴线、标高引入垫层面，指导基础施工。基础浇捣完成后，利用外设网点，用经纬仪和水准仪引入轴线，形成建筑物轴线，标高的内控体系。

（7）基础轴线、标高自控网点建立后，为保证建筑物相对位置及轴线准确，从基础开始，用经纬仪配合吊线锤，将轴线引至外墙大角，并做墨线和红三角标志，反复核查。逐层吊至楼面，并和外墙大角互相核对，作为放线的依据，上部结构按此进行内控。轴线的上移采用在一层楼面四角设四个测量点，依测量点设钢板控制轴线交汇点，交汇点垂直向上层楼板设200×200测量孔，通过轴线交汇点，利用经纬仪将轴线引测到施工层，得到楼层的控制轴线平面，利用该平面轴线进行楼层施工。

（二）地基与基础工程

1. 土方开挖

（1）基坑开挖顺序为：测量放线→分层开挖→修坡整平→留足预留土层→基坑降排水→人工清底→基底夯实→验槽。遵循自上而下、水平分段、竖向分层进行。

（2）在土方开挖之前认真复核所测放开挖线，做到尺寸准确、坐标无误、工作面能满足施工要求。开挖接近底标高时，进行底标高测量，平整好底平面。

（3）在开挖土方前，要充分了解地下给排水管线、供电通信电缆等设施，会同相关管理单位，制定切实可行的保护措施或移位措施。

（4）土方开挖配备1台PC220型挖沟机，根据土方卸土地点配备相应数量的10t自卸汽车进行土方外运。

（5）基坑开挖过程中，安排专业技术人员对土质情况进行检测，做好原始记录，发现杂填土质情况及时报告。

（6）在接近基底标高30cm时，设专人随时复测基地标高并配专人清底修坡找平，以保证基底标高及边坡坡度准确，避免超挖和地基土层遭受扰动。

（7）如基坑开挖放坡受影响不能放坡，侧壁必须进行基坑支护，应单独编制基坑支护（加固）方案。

（8）质量检验标准应符合附表7规定。

附表7　土方开挖工程质量检验标准　　　　　　　　　　　　　　单位：mm

项目分类	序号	分项目	允许偏差或允许值					检验方法
			柱基基坑基槽	挖方场地平整		管沟	地面基层	
				人工	机械			
主控项目	1	标高	−50	±30	±50	−50	−50	水准仪
	2	长度、宽度（由设计中心线向两边量）	+200 −50	+300 −100	+500 −150	+100 +100	—	经纬仪，用钢尺量
	3	边坡	设计要求					观察或用坡度尺检查

项目分类	序号	分项目	允许偏差或允许值					检验方法
			柱基基坑基槽	挖方场地平整		管沟	地面基层	
				人工	机械			
一般项目	1	表面平整度	20	20	50	20	20	用2m靠尺和楔形塞尺检查
	2	基底土性	设计要求					观察或土样分析

2. 基础防腐

（1）基础防腐作法：基础埋地部分和基础底面刷冷底子油二道,热沥青胶泥两遍,厚度5mm。

（2）混凝土基础防腐前,应经检查和验收,混凝土表面应干燥平整。基础侧墙混凝土面上有水泡气孔蜂窝麻面等现象,应采用加入水泥量15%的108胶水或聚醋酸乙烯乳液调制成的水泥腻子填充抹平。然后进行防腐。

3. 土方回填

1）工艺流程

土方回填的工艺流程为:施工准备→基坑(槽)清理→分层铺料回填→压(夯)实→分层测定密实度→找平验收。

2）施工工艺

（1）施工准备。包括材料准备和技术准备。

（2）基坑(槽)底清理。

（3）分层铺料回填。

（4）压(夯)实。

（5）回填土每层填土夯实后,应按照相关要求进行密实度检验。

（6）找平验收。

3）质量验收标准(略)

4）填方施工注意事项

填方施工过程中应检查排水措施、每层填筑厚度、含水量控制、压实程度。填筑厚度及压实遍数应根据土质、压实系数及所用机具确定。如无试验依据,应符合附表8的规定。

附表8　填土施工时的分层厚度及压实遍数

压实机具	分层厚度,mm	每层压实遍数
平碾	250～300	6～8
振动压实机	250～350	3～4
柴油打夯机	200～250	3～4
人工打夯	<200	3～4

填方工程质量检验标准应符合附表9的规定。

项目分类	序号	分项目	允许偏差或允许值					检验方法
			柱基基坑基槽	挖方场地平整		管沟	地(路)面基层	
				人工	机械			
主控项目	1	标高	−50	±30	±50	−50	−50	水准仪
	2	分层压实系数	0.94					按规定方法
一般项目	1	回填土料	戈壁土					取样检查或直观鉴别
	2	分层厚度及含水量	300					水准仪及抽样检查
	3	表面平整度	20	20	30	20	20	用靠尺或水准仪

5)雨期施工

(1)雨期基坑(槽)或管沟的回填,工作面不宜过大,应逐段逐片的分期完成。

(2)从运土、铺填到压实,各道工序应连续进行。

(3)雨期应压完已填土层,并形成一定坡势,以利排水。

(4)施工中应检查、疏通排水设施,防止地面水流入基坑(槽)内,造成边坡塌方或基土遭到破坏。

(5)现场道路应根据需要加铺防滑材料,保持运输道路畅通。

4.筏板基础

1)基础垫层施工

(1)基础垫层混凝土采用商品泵送混凝土。

(2)基础垫层施工,待验槽合格后,立即进行基础垫层的施工。

(3)控制基础垫层的标高,将垫层顶标高测设至轴线控制桩上,在垫层顶标高高 10cm 位置上带线控制,然后用木抹子抹光。

2)基础钢筋工程

(1)按设计要求的品种、规格选用钢筋,进场钢筋必须按规范抽样进行检验和复检,并进行规范标识和堆放,经检验不合格的钢筋不得使用;进场钢筋,应表面干净,无油渍和铁锈(剥落),同时防止产生水锈(距地面 200mm 搁置堆放,并有防雨措施);钢筋绑扎前,应将构件名称、钢筋规格型号、形状、尺寸、数量等与料单核对,如有错误及时纠正;采用 22 号铁丝(火烧丝),铁丝切断长度要满足使用要求。

(2)进场圆盘钢筋采用调直机拉直。

(3)纵向受力钢筋连接方法,钢筋直径 $d \leqslant 28$ mm 时采用机械连接、焊接、绑扎连接(绑扎钢筋骨架外形尺寸允许偏差见附表 10),钢筋直径 $d > 28$ mm 时采用机械套筒连接。

(4)钢筋接头应错开,在同一截面内绑扎接头不超过 25%,现浇钢筋混凝土的楼板钢筋搭接接头应相互错开,在 1.3 倍搭接长度区段内接头面积百分率不大于 25%,下部钢筋不得在跨中搭接,在支座处有应伸至梁、墙中心线且不小于 5d,楼板的上部钢筋不得在支座处搭接,其在非支座处的腿长应比板厚短 15mm,在支座处的锚固长度为 L_a。钢筋绑扎完后,应注意检查、复核以下内容:

按设计图纸检查钢筋型号、直径、根数、间距等是否正确,特别是负筋位置。检查钢筋搭接头位置、尺寸是否符合规定,绑扎是否牢固,有无松动现象,钢筋表面不允许有油渍、漆污和颗粒状铁锈。

附表 10　绑扎钢筋骨架外形尺寸允许偏差

项目		允许偏差
网眼尺寸		±20mm
骨架的宽及高		±5mm
骨架的长		±10mm
受力钢筋	间距	±10mm
	排距	±5mm

楼板面上所有电气管线必须在楼板筋铺设后、负筋未铺设前安装、预埋,使楼板底面筋的混凝土保护层达到设计及规范要求。

(5)保护层厚度(钢筋外边缘至混凝土表面的距离),不应小于钢筋的公称直径,且不应小于附表 11 所示的厚度(mm)(环境类别一类)。

附表 11　保护层厚度要求

构件	基础	柱	梁	板
纵向受力钢筋	40(无垫层时 70)	30mm	25mm	15mm
分布钢筋、箍筋、构造钢筋	—	15mm	15mm	10mm

(6)纵向受拉钢筋的抗震锚固长度 L_{aE} 和抗震长搭接度 L_{iE}。机械连接接头连接件的混凝土保护层厚度应满足纵向受力钢筋最小保护层厚度的要求,连接件之间的横向净间距不小于 25mm。混凝土强度与钢筋的关系见附表 12。

附表 12　混凝土强度与钢筋的关系

钢筋种类		混凝土强度			
		C20	C25	C30	C35
HPB235 级		$31d$	$27d$	$24d$	$22d$
HRB335 级	$d \leqslant 25mm$	$39d$	$34d$	$30d$	$27d$
	$d > 25mm$	$42d$	$37d$	$33d$	$30d$

(7)在混凝土浇筑前,报监理检查验收,并做好隐蔽工程记录。

(8)混凝土浇捣过程中,派专人"看筋",如发现松动、移位、保护层不符合均应及时修整。

3)基础模板工程

(1)对所需用的模板及配件逐项检查,变形和未经修复的不得使用。

(2)向班组做好技术交底。

(3)模板应涂刷脱模剂。

(4)做好施工机具及辅助材料的准备,木条、橡皮条、油灰或黏胶纸,用以模板嵌缝,防止板缝漏浆;用于保护模板,便于脱模。

4)基础混凝土工程

(1)施工准备。结构工程混凝土采用商品混凝土,由优质商品混凝土厂家提供,并有质保书和试验报告;混凝土在浇捣前必须完成各项隐蔽工程验收和技术复核工作,混凝土浇灌前的资料也应齐全;配备足够的施工机械和专职检修人员,同时对劳动力的配备是否妥当进行适当的调整,达到满足浇筑速度的要求。

(2)混凝土泵送,浇筑前应检查模板的标高、位置与构件的截面尺寸是否与设计符合;支架是否稳定,支柱的支撑和模板的固定是否可靠;钢筋与预埋件的规格、数量、安装位置及构件按点连接焊缝是否与设计符合;模板内的垃圾、木屑、刨花、锯屑等杂物应清除干净,木模板应浇水加以湿润,不允许有积水。湿润后,木模板中尚未胀密的缝隙应加以嵌塞密实,以防漏浆。

(3)混凝土的浇筑,浇筑竖向结构混凝土时,如浇筑高度超过3m时,采用串筒、导管;浇筑混凝土时应分段分层进行,每层浇筑高度应根据结构特点、钢筋疏密决定。一般分层高度为插入式振动器作用部分长度的1.25倍,最大不超过500mm;使用插入式振动器应快插慢拔,插点要均匀排列,逐点移动,按顺序进行,不得遗漏,做到均匀振实。移动间距不大于振动棒作用半径的1.5倍(一般为300~400mm)。振捣上一层时应插入下层混凝土面50mm,以消除两层间的接缝。平板振动器的移动间距应能保证振动器的平板覆盖已振实部分边缘。

(4)混凝土拌制和浇筑过程中,组成材料质量、混凝土坍落度,每班至少检查1~2次,并记录;搅拌时间随时检查。试块制作时应采用边长为150mm的立方体试件,必须在浇筑地点随机取样制作。试块留置时,每拌制100盘且不超过100m³的同配合比的混凝土,取样不少于一组,重要部位构件混凝土不少于二组。每工作班拌制的不同标号的混凝土应分别取样。

(三)主体结构工程

1. 钢筋工程

(1)施工准备。材料及主要机具和作业条件;钢筋进场后应检查是否有出厂证明,并按规定要求进行复检,依据施工平面图中指定的位置,按规格、使用部位、编号分别加垫木堆放。钢筋绑扎前,应检查有无锈蚀,除锈之后再运至绑扎部位。

(2)操作工艺(略)。

2. 模板工程

框架柱采用组合钢模板,钢管扣件拉杆加固;顶板采用多层胶合板,钢管支撑加固。

1)柱模板

当柱钢筋绑扎完毕隐蔽验收通过后,便进行竖向模板施工,首先在墙柱底进行标高测量和找平,然后进行模板定位卡的设置和保护层垫块的设置,经查验合格后支柱模板,柱模实行散装拼合。模板就位后,柱模采用ϕ48普通钢管柱箍进行加固,大于600截面的柱采取穿对拉螺栓的方式进一步加固。柱模板的垂直度定位依靠楼层内满堂脚手架和墙柱连接支撑进行加固调整。柱模底留清扫孔,以便在混凝土浇筑之前进行清理。

2)梁模板

梁模板是由底板加两侧板组成,梁底用钢管支架支承,支承点用木板垫板。当梁高在700mm以上,在梁中部用螺栓将两侧模板拉紧,可防止模板侧板向外爆裂及中部鼓胀。为便于绑扎钢筋,在梁底模与一侧模板撑好后就先绑扎钢筋,后装另一侧模板、侧模板(附图2)。

梁模的施工要点:为梁跨在4m及大于4m时,底板中应起拱,起拱高度宜为全跨长度的1/1000~3/1000。梁支承之间应设拉杆,互相拉撑成一体,离地面50cm设一道,50cm以上每隔2m设一道,支柱下均垫楔子(校正高底后固定)和通长垫板。

3)楼梯模板

施工前应根据实际层高放样,先安装平台梁及基础模板,再装楼梯斜梁或楼梯底模板,然

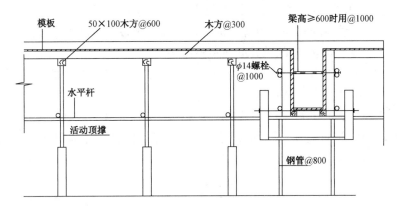

附图 2　梁板模板图

后安装楼梯外侧模,应先在其内侧弹出楼梯底板厚度线,画出踏步侧板位置线,钉好固定踏步侧板的挡木,在现场装钉侧板。特别要注意最下一步及最上一步的高度,必须考虑到楼地面层粉刷厚度,防止由于粉面层度不同而形成梯步高度不协调。

4)模板的拆除

及时拆除模板,将有利于模板的周转和加快工程进度,拆模要掌握时机,应使混凝土达到规定强度。拆模的施工要点:

(1)拆模程序应是后支的先拆,先支的后拆,先拆除非承重部分,后拆除承重部分;拆跨度较大的梁时,梁下支柱做到先拆跨中,后分别拆向两端。

(2)拆模时不得用力过猛过急,拆下来的模板及材料及时运走、整理。

(3)多层楼板模的拆除,当上层楼板正在浇灌混凝土时,下一层楼板支柱不得拆除,再下层楼板模板的支柱,仅可拆除一部分;跨度大于4m的梁下均应保留支柱,其间距在3m内。

(4)当使用定型模板或组合钢模时,拆除后应逐块传递,不得抛掷,拆模后即清理干净,按规格分类堆放整齐,以利再用。

3. 混凝土工程

(1)施工准备。结构工程混凝土采用商品混凝土,由优质商品混凝土厂家提供,并有质保书和试验报告。混凝土在浇捣前必须完成各项隐蔽工程验收和技术复核工作,混凝土浇灌前的资料也应齐全。掌握天气的季节变化,加强气象预报工作,雷雨季节和寒流天气应准备好防雨、防高温以及防寒等物资。

(2)混凝土泵送。场内水平垂直运输采用一台HBT60混凝土输送泵,混凝土的供应必须保证输送泵能够连续工作。输送管应固定牢,敷设要顺直,转弯宜缓,接头要严密,达到不漏水不透气。泵送前,用适量水及与混凝土成分相同的水泥砂浆润滑管道,以减小泵送阻力。泵送要连续作业,料斗内要留有足够的混凝土,防止吸入空气,造成堵塞损坏泵机。泵送完毕后,水平管内混凝土应及时逐节倒出,及时用清水清洗管道,冲洗管子的水应集中到沉淀池沉淀后排入下水道。

(3)混凝土的浇筑。浇筑竖向结构混凝土时,如浇筑高度超过3m时,采用串筒、导管。浇筑混凝土时应分段分层进行,每层浇筑高度应根据结构特点、钢筋疏密决定。一般分层高度为插入式振动器作用部分长度的1.25倍,最大不超过500mm。使用插入式振动器应快插慢拔,插点要均匀排列,逐点移动,按顺序进行,不得遗漏,做到均匀振实。移动间距不大于振动棒作用半径的 1.5 倍(一般为 300~400mm)。振捣上一层时应插入下层混凝土面 50mm,以消除两层间的接缝。平板振动器的移动间距应能保证振动器的平板覆盖已振实部分边缘。浇筑混凝土应连续进行。如必须间歇,其间歇时间应尽量缩短。

(4)混凝土养护。覆盖浇水养护,当室外平均气温高于 +5℃的自然条件下,用塑料薄膜对混凝土表面加以覆盖并浇水,使混凝土在一定的时间内保持水泥水化作用所需要的适当温度和湿度。在自然气温条件下(高于 +5℃),对于一般塑性混凝土应在浇筑后 10~12h 内(炎夏时可缩短至 2~3h)进行覆盖,并及时浇水养护,以保持混凝土足够湿润。混凝土浇水养护时间可参照附表 13。

附表 13　混凝土养护时间参考表

分　类	浇水养护时间
拌制混凝土:硅酸盐水泥、普通硅酸盐水泥、矿渣硅酸盐水泥	不小于 7 天
拌渗混凝土(混凝土中掺用缓凝型外掺剂)	不小于 14 天

需要注意的是:

① 如平均气温低于 5℃时,不得浇水。

② 采用其他品种水泥时,混凝土养护应根据水泥技术性能确定。

③ 混凝土的表面不便浇水和使用塑料布养护时,应涂刷保护层(如薄膜养生液等),以防止混凝土内水分蒸发;混凝土在养护过程中,如发现遮盖不好、浇水不足而使表面泛白或出现干缩细小裂缝时,要立即仔细加以遮盖,加强养护工作,充分浇水,并延长浇水日期。

④ 严格按照规范规定要求留置足够的混凝土标准养护试块和同条件养护试块,按时送检,及时进行强度统计计算,检验其强度是否合格,并作为成本控制的依据(强度是否超标严重)。如有不合格,可进行复测,复测合格的按合格验收,复测不合格的需编制专项处理方案。

(5)混凝土拆模。混凝土结构浇筑后达到一定强度方可拆模。根据构件的种类、构件的长度来确定拆模时混凝土的强度(附表 14)。模板拆卸日期,应按结构特点和混凝土所达到的强度来确定。侧面模板在达到混凝土设计强度 70%,能保证其表面及棱角不因拆除模板而受损坏时,方可拆除。底模在与结构同条件养护的试件达到规定强度时,方可拆除。

附表 14　构件的相关参数

构件类型	构件长度,m	达到设计强度,%
板	≤2	≥50
	>2,≤8	≥75
	>8	≥100
梁	≤8	≥75
	>8	≥100
悬臂构件	—	≥100

4. 维护结构工程

(1)施工工艺流程为:砂浆搅拌→作业准备→砖浇水→砌墙→验评。

(2)砂浆搅拌:砂浆配合比应采用重量比,计量精度方面,水泥为 ±2%,水为 ±2%,砂控制在 ±3% 以内。用机械搅拌,搅拌时间 2min。

（3）组砌方法:"一顺一丁"且不得倒置。

（4）排砖摆底(干摆砖):一般外墙第一层砖摆底时,两山墙排丁砖,前后檐纵墙排顺砖。根据弹好的门窗洞口位置线,认真核对窗间墙、垛尺寸,确认其长度是否符合排砖模数。排砖时必须全盘考虑,前后檐墙排第一皮砖时,要考虑甩窗口后砌条砖,窗角上必须是七分头。

（5）挂线:砌筑一砖半墙必须双面挂线,如果长墙的长度较长,几个砌筑的人应使用一根通线,中间应设几个支线点,小线要拉紧,每层砖都要穿线看平,使水平缝均匀一致,平直通顺;砌一砖厚混水墙时宜采用外手挂线,可照顾砖墙两面平整,为下道工序控制抹灰厚度奠定基础。

（6）砌筑:砌砖宜采用一铲灰、一块砖、一挤揉的"三一"砌砖法,即满铺、满挤操作法。砌砖时砖要放平。里手高,墙面就要张;里手低,墙面就要背。砌砖一定要跟线,"上跟线,下跟棱,左右相邻要对平"。水平灰缝厚度和竖向灰缝宽度一般为10mm,但不应小于8mm,也不应大于12mm。

（7）砌筑至梁底最后一匹砖时,停留7天后再采用斜砌方法封堵梁底,斜砌倾斜度一般不大于60°。

（8）构造柱做法:凡设有构造柱的工程,在砌砖前,先根据设计图纸将构造柱位置进行弹线,并将构造柱插筋处理顺直。砌砖墙时,与构造柱连接处砌成马牙槎。每一个马牙槎沿高度方向的尺寸不宜超过30cm。马牙槎应先退后进。拉结筋按设计要求放置,设计无要求时,一般沿墙高50cm设置2根$\phi6$水平拉结筋,每边深入墙内不应小于1m。

（9）严格按照规范规定要求留足够的砂浆标准养护试块和同条件养护试块,按时送检,及时进行强度统计计算,检验其强度是否合格,并作为成本控制的依据(强度是否超标严重)。如有不合格,可进行复测,复测合格的按合格验收,复测不合格的应编制专项处理方案。

（四）装饰装修工程

1. 抹灰工程

1）工艺流程

（1）内墙面粉刷按六道工序要求进行:清除墙面浮砂,凿除突出墙面混凝土,浇水湿润;做塌饼,粉头角,粉头角时,门窗洞口侧边应兜方,不咬樘子,并做好护角;刮头糙灰,刮糙后应隔夜再进入二度粉刷;出竖冲筋;二度糙平;面层装饰(混凝土墙面应先把混凝土面打毛,后经浇水湿润,并刷纯水泥浆加108胶水)。

（2）天棚粉刷按五道工序进行:板底清理;粉平板底高差;刮头糙灰,糙灰厚度不得超过5mm;二度糙平,木抹子打磨;面层纸巾灰,二度油光。

2）施工要点

（1）做水泥护角。室内墙面、柱面的阳角(高度大于1.8m)和门窗洞口的横竖边角,应作水泥护角。做法一般采用1:2水泥砂浆打底,1:2水泥砂浆罩面,压光做明护角。护角厚度和墙面一致,一般宜做小圆护角,在墙面、柱面的阳角部位,水泥护角每侧的宽度为60mm,在其边部呈45°斜槎与白灰砂浆交接。

（2）砂浆的抹灰层,在凝结前,应防止快干、水冲、撞击和振动;凝结后,应采取措施防止玷污和损坏。

（3）水泥砂浆的抹灰层,应在湿润的条件下养护。

（4）砂浆抹灰层硬化初期不得受冻,气温低于5℃时,室外抹灰所用的砂浆可掺入混凝土防冻剂,其掺量应由试验确定。涂料墙面抹灰砂浆中,不得掺入含氯盐的防冻剂。

3)注意事项

(1)抹灰工程的面层,不得有爆灰和裂缝。各抹灰层之间及抹灰层与基体之间应黏结牢固,不得有脱层、空鼓等缺陷。

(2)抹灰分格缝的宽度和深度应均匀一致,表面光滑、无砂眼,不得有错缝,缺棱掉角。

(3)表面光滑、洁净,接搓平整,灰线清晰顺直。

(4)顶棚抹灰前要对光滑基层进行凿毛,或做"毛面处理"。顶板混凝土如有蜂窝麻面缺陷要用1:3水泥砂浆预先修补平整,凸出部位要剔凿平整。

(5)顶棚抹灰前,在靠近顶板的四周墙面弹出一条水平线,作为顶棚抹灰的水平控制线。

2. 内墙面装修

1)施工工序

内墙面装强的施工工序为:清扫→填补缝隙、局部刮腻子→磨平→第一遍满刮腻子→磨平→第二遍满刮腻子→磨平→第一遍涂料→复补腻子→磨平(光)→第二遍涂料→磨平(光)→第三遍涂料→磨平(光)。

2)施工要点

(1)涂料工程基体或基层的含水率:混凝土和抹灰表面施涂溶剂型涂料时,含水率不得大于8%,施涂水性和乳液涂料时,含水率不得大于10%;木料制品含水率不得大于12%。

(2)涂料干燥前,应防止雨淋、尘土玷污和热空气的侵袭。涂料工程使用的腻子,应坚实牢固,不得粉化、起皮和裂纹。腻子干燥后,应打磨平整光滑,并清理干净。

(3)涂料的工作黏度或稠度必须加以控制,使其在涂料施涂时不流坠、不显刷纹,施涂过程中不得任意稀释。

3)注意事项

(1)涂料工程所用的涂料和半成品(包括施涂现场配制的),均应具有品名、种类、颜色、制作时间、储存有效期、使用说明和产品合格证。

(2)涂料工程所用腻子的塑性和易涂性应满足施工要求,干燥后应坚固,并按基层、底涂料和面涂料的性能配套使用。

(3)施涂前应用1:3的水泥砂浆(或聚合物水泥砂浆)修补基体或基层的缺棱掉角处,表面麻面及缝隙应用腻子填补齐平。

3. 门窗及玻璃安装

1)施工设备

(1)材料:塑钢窗的规格、型号应符合设计要求,五金配件配套齐全。并具有产品的出厂合格证。防腐材料、保温材料、水泥、砂、连接铁脚、连接板、焊条、密封膏、嵌缝材料、防锈漆、铁纱或钢纱等应符合图纸要求。

(2)作业条件:结构质量经验收符合合格产品,工序之间办好交接手续。按图示尺寸弹好窗中线,并弹好室内+50cm水平线。校核窗洞口位置尺寸及标高是否符合设计图纸要求,如有问题应提前进行剔凿处理。检查塑钢窗两侧连接铁脚位置与墙体预留孔洞位置是否吻合,若不符合应提前剔凿处理,并应及时将孔洞内杂物清理干净。塑钢窗的拆包、检查与运输方面,应将窗框周围包扎布拆去,按图纸要求核对型号和检查塑钢窗的质量,如发现有劈棱窜角、翘曲不平、偏差超标、严重损伤、划痕严重、外观色差大的,应找有关人员协商解决,经修整,鉴定合格后才能安装。提前检查塑钢窗,如粘有保护膜缺损者应补粘后再施工安装。

2)工艺流程

门窗及玻璃安装的流程为:基层清理→放线→固定钢板、焊立柱→安装窗框→做固定片→安装玻璃。

3)施工工艺和技术措施

(1)放线:最顶层找出外窗口边线,用大线坠将窗连线下引,并在每层窗口处划线标记,对个别不直的口边应剔凿处理。窗口的水平位置应经楼层+50cm水平线为准,往上反,量出窗下皮标高,弹线找直,每层窗下皮(若标高相同)应在同一水平线上。

(2)窗框安装:将不同规格的塑钢窗框在相应的洞口旁竖放,在窗框的上下边划中线。如保护膜脱落时,必须补贴保护膜。组框后,将窗框放入洞口,按基准线要求的相对位置调整窗,用水平尺、线坠调整校正框的水平度、垂直度,并用卷尺测量对角线长度差。窗的上下框四角及中框的对称位置用木楔或垫块塞紧作临时固定。先将窗框上部的预埋钢板用膨胀螺栓与结构面连接,然后用膨胀螺栓将上部窗框固定,两端的首个螺栓距端头各150mm,中间螺栓间距为500mm左右。再将左右窗框用膨胀螺栓与墙体连接,两端的首个螺栓距端头各150mm,中间螺栓间距为500mm左右。所有螺栓头必须进行防腐处理。最后将拼接立柱与下部预埋钢板焊接牢靠,焊缝必须进行防腐处理。

(3)固定固定片:窗框下部用固定片通过膨胀螺栓与结构面固定,首个固定片距两端头各150mm,中间固定片间距为450mm。拼接钢板上下端头与预埋钢板焊接。膨胀螺栓头必须进行防腐处理。

(4)窗边缩尺、打发泡剂:窗框上口与梁底间距为10mm,窗框下口与反梁间距为30mm,窗框左右与混凝土墙柱面间距为20mm。所有间距缝隙用聚氨酯发泡剂填充。窗框左右各留20mm缝隙,窗框上口与梁底间距为15mm,窗框下口与水泥砂浆台间距为20mm。缝隙用聚氨酯发泡剂填充。由于水泥砂浆台未施工,则B栋先在上部和左右缝隙内打发泡剂。用水将洞口周圈润湿,框与洞口的间隙用聚氨酯发泡剂填充,经12小时完全固化后,用刀片修整光洁。

(5)安装玻璃:玻璃不得与玻璃槽直接接触,要求在玻璃四边垫上不同厚度的玻璃垫块。边框上的垫块采用聚氯乙烯胶固定。将玻璃装入窗框内,用玻璃压条将其固定。

4)成品保护

(1)塑钢窗应入库存放,下边应垫起,垫平,码放整齐,防止变形。

(2)对已装好坡水的窗,注意存放时的支垫,防止损坏坡水。门窗保护膜要封闭好,再进行安装,安装后及时将门框两侧用木板条捆绑好,防止碰撞损坏。

(3)抹灰前应将塑钢窗用塑料薄膜包扎或粘贴保护起来,在门窗安装前以及室内外湿作业未完成以前,不能破坏塑料薄膜,以防止砂浆对其面层的侵蚀。

(4)塑钢窗的保护膜应在交工前再撕去,要轻撕且不可用铲刀铲,以防止将其表面划伤而影响美观。

(5)如塑钢窗表面有胶状物时,应使用棉丝沾专用溶剂进行擦拭干净,如发现局部划痕,用小毛刷沾染色液进行染补。

(6)架子搭拆、室外抹灰、钢龙骨安装、管线施工运输过程中,严禁擦、砸塑钢窗边框。

(7)建立严格的成品保护制度。

5）实木门安装

（1）木门进场后必须进行检查验收，并进行校正规方，经检验后将合格品与非合格品分开堆放，不合格应进行严格处理。

（2）后塞门框前要预先检查门洞口的尺寸、垂直度及木砖的数量，如有问题，应事先修理好。

（3）门框应用钉子固定在墙内的预埋木砖上，预埋木砖必须事先作好防腐处理，门框两边固定均不得少于三处，其间距应符合要求。

（4）门框边缝要用水泥砂浆嵌塞密实，木门安装完成后必须注意成品保护。

（5）木门安装好后保证开关灵活、稳定、无回弹和倒翘。

（6）木门扇的安装。

4. 吊顶施工

1）龙骨安装

（1）检查安装吊顶龙骨的基体质量，应符合现行国家标准规定。

（2）根据吊顶的设计标高在四周墙上弹线。弹线应清楚，位置应准确，其水平允许偏差小于5mm。

（3）主龙骨吊点间距900～1200mm，中间部分应起拱，金属龙骨起拱高度应不小于房间短向跨度的1/200，主龙骨安装后应及时校正其位置的标高。

（4）吊杆距主龙骨端部距离不得超过300mm，否则应增设吊杆，以免主龙骨下坠。当吊杆与设备相遇时，应调整吊点构造或增设吊杆，以保证吊顶质量。

（5）吊杆应通直，并具有足够的承载能力。当预埋的吊杆需接长时，必须搭接焊牢，焊缝均应饱满。

（6）次龙骨（中或小龙骨，下同）应紧贴主龙骨安装。当用自螺钉安装板材时，板材的接缝处，必须安装在宽度不小于40mm的次龙骨上。

（7）根据板材布置的需要，应事先准备尺寸合格的横撑龙骨，与通长次龙骨的间隙不得大于1mm。

（8）边龙骨应按设计要求弹线，固定在四周墙上。

（9）全面校正主、次龙骨的位置及水平度。连接件应错位安装。明龙骨应目测无明显弯曲。通长次龙骨连接处的对接错位偏差不得超过2mm。校正后应将龙骨的所有吊挂件、连接件拧夹紧。

（10）检查安装好吊顶骨架，应牢固可靠。

2）铝板安装

（1）矿棉板（石膏板、铝合金板）与轻钢龙骨骨架的安装，可采用吊钩悬挂式或自攻螺钉固定式。用自攻螺钉固定时，应先用手电钻打出孔位后再上螺钉。

（2）安装时按照弹好的布置线，从一个方向开始依次安装，吊钩先与龙骨连接固定，再勾住板块侧边的小孔。铝板在安装时应轻拿轻放，保护板面不被碰伤或刮伤。

3）质量标准

暗龙骨吊顶工程安装的允许偏差为：表面平整度2mm；接缝直线度1.5mm；接缝高低差1mm。

4)成品保护

(1)吊顶轻钢骨架及罩面板安装时,应注意保护吊顶内装好的各种管线、设备;轻钢骨架的吊杆、龙骨不准固定在通风管道及其他设备上。

(2)施工部位已安装的门窗,已施工完的地面、墙面、窗台等,在施工吊顶时应注意保护,防止污损。

(3)木骨架材料,轻钢骨架特别是罩面板,在进场、存放、安装过程中,应严格管理,使其不损坏、不受潮、不变形、不污染。

(4)其他专业的吊挂件不得吊于已安装好的轻钢骨架上。

(5)罩面板的安装必须在顶棚内管道试水、试压、保温一切工序全部验收合格后进行。

(6)安装矿棉板(石膏板、铝合金板)时,操作人员必须戴手套,以免弄脏板面。

5)安全环保措施

(1)所有龙骨不能作为施工或其他重物悬吊支点。

(2)在建筑物作吊顶安装时,不得直接将吊杆固定在空心板上,如必须时,应根据设计要求作特殊处理。

(3)吊顶高度离楼地面超过3.6m时,应搭设固定脚手架。

(4)现场临时用电不得乱拉乱架;所有电动工具尾线均需套橡皮胶线,暂不使用时应拔掉电源插座。

(5)使用冲击电钻时,钻头应顶在工件上再打钻,不得空打或顶死,必须垂直地顶在工件上,不得在钻孔中晃动。

(6)使用各种切割机和电锯时,不得触摸刃具、砂轮,操作要平稳,不得用力过猛。

(7)严格落实各项消防规章管理制度,防止施工现场火灾、爆炸事故的发生。特别是现场焊接吊筋或有其他焊接工作时,必须清除周围及焊渣滴落区的可燃物质,并设专人监督。

(8)施工现场必须配备灭火器、沙箱或其他灭火工具。

(9)采用符合《民用建筑工程室内环境污染控制规范》(GB 50325—2010)规定的材料。

(10)严格控制噪声排放。

(11)工地固体废弃物实行分类管理,及时收集并处理。

(12)尽量减少胶黏剂等化学品的泄漏、遗洒。胶黏剂应存放在玻璃、铝或白铁制成的容器中,避免日光直射,并应与火源隔绝。

6)质量记录

暗龙骨吊顶工程验收时应提供下列质量记录:

(1)材料的产品合格证书、性能检测报告、进场验收记录和复验报告。

(2)隐蔽工程验收记录。

(3)施工记录。

(4)暗龙骨吊顶工程检验批质量验收记录。

5. 地面工程

1)地砖施工

(1)施工条件:墙面、沟槽、暗管、地漏、排水孔已完工;门已安装并做好保护。进场的地砖要及时检查,色泽要保持一致,不得缺棱掉角。

（2）施工顺序:清扫基层→冲筋铺结合层砂浆→弹线→铺砖→压平擦缝→保护。

（3）操作要点:将基层(外墙以内2m宽的地面基层下附加挤塑板保温层)表面砂浆、油污及垃圾等清除干净,并用水清洗、晾干,同时将地砖浸水2～3小时后取出,阴干备用。地砖铺贴前应抹水泥砂浆或撒1～2mm干水泥并洒水湿润,将地砖按弹好的控制线铺贴平整密实。铺设时,应事先弹线试铺,有柱子的大厅,先铺设柱子之间部分,然后向两旁展开。地砖铺贴时采用1:3水泥砂浆作结合层,板块安放后,用橡皮锤敲击,既保证达到铺设高度,又保证与砂浆结合平整密实。板块之间拉通线控制平整度,地砖铺设干硬后,用水泥稠浆擦缝,面层用干布擦净。铺设完24小时后,应洒水养护1～2天。

2）墙面面砖施工

（1）墙面面砖的质量要求,贴砖前应对砖进行质量检查,检查表面应光洁、方正、平整,质地坚固,其品种、规格、尺寸、色泽、图案应均匀一致,必须符合设计规定的要求,不得有缺棱、掉面、暗痕和裂纹等缺陷,其性能指标应符合现行国家标准的规定。

（2）施工时应注意,必须做好墙面基层处理,浇水湿润,在抹底时根据不同的基体采取分层分遍抹灰刷底的方法,并严格配比计量,掌握砂浆的稠度,使各灰层之间黏结牢固,及时洒水养护。

（3）按面砖的规格型号、尺寸、颜色进行选砖,分类存放备用。提前一小时,将砖浸水、充分湿润,阳角处粘贴应裁磨45°拼角。

（4）根据墙面几何尺寸,进行排砖,若遇顶高度不合模数时,应将切块放在地脚第一排,在同一墙面不能有双排非整砖,若遇门、窗洞口、阳角处,贴成对角,计算好后,分段分块弹线、排砖、贴灰饼,这三项工作做好后再详细复一遍,准确无误后,开始贴砖。

（5）贴砖应自下而上进行,在砖背面抹4～5mm厚1:1水泥砂浆(砂子必须用窗砂筛)粘贴。粘贴时应砂浆饱满,灰浆不饱满时应取下重贴,并随时用靠尺检查平整度,同时保证缝隙宽度一致。

（6）贴完后经自检无空鼓、表面平整,用棉丝布擦干净,用白水泥擦缝,用布将缝的素浆擦匀,砖面擦净。

（7）饰面砖的质量要求:饰面砖的品种、规格、颜色、图案和性能必须符合设计要求。饰面砖表面平整、洁净、色泽一致、镶贴牢固,无空鼓、裂缝和缺陷。阴阳角处搭接顺直、方正。饰面砖接缝应平直、光滑,填嵌应连续、密实,宽度、深度符合要求。

（五）屋面工程

1. 施工顺序

屋面工程的施工顺序为:基层清理→砂浆找平层→隔气层→粘保温板→找坡层→细石混凝土找平层→防水层→细部处理→检查验收→淋水试验。

2. 主要施工方法

1）找平层

使用15厚1:3水泥砂浆找平层。

（1）作业条件:基层(找坡层)应进行隐蔽工程检查验收,合格后方可进行找平层施工。找平层的排水坡度应符合设计要求。各种穿过屋面的预埋管件根部及基层与突出屋面结构(女儿墙、天井等)的交接处和基层的转角处,应按设计要求做好处理,且找平层均应做成圆弧形,圆弧半径为 100～150mm。根据设计要求的坡度,弹线、找好规矩(包括天沟、檐沟的坡度),并进行彻底清理。

(2)操作工艺:基层清理,将找坡层上面的杂物清理干净。冲筋或贴灰饼,根据坡度要求,拉线找坡贴灰饼,顺排水方向冲筋,冲筋的间距为 1.5m;在排水沟、雨水口处找出泛水,冲筋后进行抹找平层。找平层宜设分格缝,分格缝的设置同找坡层,缝内嵌填密封材料为沥青玛蹄脂。铺灰压头遍时,沟边、拐角、根部等处应在大面积抹灰前先做,有坡度要求的部位,必须满足排水要求。铁抹子压第二遍、第三遍时,当水泥砂浆(细石混凝土)开始凝结,人踩上去有脚印但不下陷时,用铁抹子压第二遍,注意不得漏压,并将死坑、死角、砂眼抹平,当抹子压不出抹纹时,即可找平、压实,宜在砂浆(细石混凝土)初凝前抹平、压实。砂浆的稠度应控制在 7cm 左右。找平层抹平压实后,常温时在 24 小时后浇水养护,养护时间一般不小于 7 天,干燥后即可进行防水层施工。

2)保温层(2×50 厚 EPS 聚苯板密度 20～22kg/m³)

(1)作业条件:基层应平整、干燥和干净,并经验收合格后方可进行保温层的施工。穿过屋面的管根部位,应做好细部处理。

(2)操作工艺:应先将基层清理干净,保温板块应铺平垫稳,错缝铺贴。粘贴的板块保温材料应贴严、粘牢。保温板铺完后,应采取保护措施,做好成品保护工作。水落口周围直径 500mm 范围内坡度不应小于 5%,以满足规范规定的排水坡度要求。

(3)质量标准:保温板应紧贴(靠)基层,铺平垫稳,拼缝严密,找坡正确。板状保温材料的保温层厚度的允许偏差为 ±2mm。

3)细石混凝土保护层

细石混凝土保护层施工前,应将岩棉板表面清扫干净,检查挤塑板平整度、排水坡度和完整性,支设好分格缝的木条,根据工程实际情况,分格缝规格为 6000×6000,外围分格缝距女儿墙边及斜屋面阴角为 300,缝宽为 30,厚度为 C20 细石混凝土保护层厚度(30 厚)。

4)防水层

(1)SBS 防水层的施工:先将找平层上的杂物及浮灰清理干净并检查基层的干燥程度,方法为用 1m² 大小的 SBS 平铺在找平层上,在阳光照射下 4 小时,然后掀起 SBS,若其底面无水珠时(找平层即为干燥)方能进行防水层施工。

(2)铺设前先进行试铺,量好铺贴的长度,然后卷成卷,从一端开始铺贴,用汽油喷灯在距 SBS 卷材 300mm 左右进行热熔烘烤,烘烤程度以 SBS 表面沥青初熔化无过火及发焦现象。两人配合,一人执喷灯来回烘烤,一人趁初熔顺屋脊方向,推着卷材卷前进由下向上铺贴。

(3)屋面防水要求各防水层、找平层之间粘贴牢固,无空鼓现象。防水层无超过 5mm 深的凹坑积水漏现象。

5)检查验收

应做好分部分项工程的交接检查,未经检查验收,不得进行后续施工。每一道工序完成后,应由质检员、监理进行专项检查,合格后方可进行下一道防水层的施工,并做好隐蔽工程验收记录。

6)淋水试验

对于平屋面,应检验屋面有无渗漏和积水、排水系统是否通畅,可在雨后进行或持续淋水 2 小时,并做好记录。对于坡屋面,应延长淋水时间至 4 小时,观察屋面有无渗漏,并做好记录。

(六)给排水及消防工程

(1)工程所用设备、材料必须做好核对、验收工作,符合要求方可使用,及时收集质量证明书、合格证。

(2)管道安装前,必须清除管内污垢。安装中断或完毕的敞口处(如卫生设备接口),应临时封闭(尤其是埋地管和垂直管口)。

(3)应配合土建预埋防水套管,防水套管应严格按标准图要求加工,严禁漏水。管道穿过其他楼板或墙壁时,应设置套管,管道接口不得置于套管内。凡穿越人防工程的密闭墙、顶板的给排水管道均应预埋刚性密闭套管。

(4)管道采用法兰连接时,法兰应垂直于管子中心线,其表面应相互平行,法兰的衬垫不得凸入管内,其外圆到法兰螺栓孔,法兰中间不得放置偏垫或双垫,连接法兰的螺栓、螺杆突出螺母长度不得大于螺杆直径的1/2。

(5)空调水管支吊架必须设置于保温层外部,在穿过支、吊、托架处应镶以防腐垫木,支架位置应符合工艺要求,必须安全可靠,并做除锈刷漆防腐处理。

(6)钢管检验:①检查钢管是否具有制造厂的出厂质量证明书,质量证明书的内容是否齐全。②钢管的规格、材质必须符合设计要求。代用材料须经设计单位同意,并出具书面文件后方可生效。③检查钢管的外径、壁厚尺寸偏差及理化指标是否符合国家现行有关标准或有关技术要求的规定。④钢管在预制前进行外观检查,表面无裂纹、夹渣、折叠和重皮等缺陷,且无超过壁厚负偏差的锈蚀和机械损伤的钢管为合格。⑤对质量证明书与到货钢管的钢号不符、质量证明书数据不全或对其有怀疑的钢管均应进行复验。

(7)管件检验:①检查管件的产品合格证,其规格、型号、材质均符合设计要求,且与到货管件一一对应。②按国家现行标准的规定检查管件的结构型式、尺寸与公差、焊端坡口、产品标记及其他技术要求。③外观检查无裂纹、夹渣、折叠、过烧等缺陷,且无超过壁厚负偏差的锈蚀或凹陷。④按规范规定检验各种管件的允许偏差。

(8)阀门检验:①按规范规定对阀门进行检验。②试验合格的阀门,立即排尽内部积水并吹干,在密封面上涂抹防锈油(脂),关闭阀门,封闭进出口,并在阀体上做出明显的合格标记。③填写《阀门试验记录》和《安全阀调整定压记录》。

(9)立管安装:立管暗装在竖井内时,应在管井内预埋铁(件)上安装卡件、支架,并加以固定。立管固定托架应有足够的强度和稳定性,以承受管道的膨胀力和管道、介质的重力。明装立管在每层楼板要预留孔洞,并埋套管,套管内不得有管道接口。注意与风道、电管、装饰的标高关系。所有管道敷设尽量紧贴梁、柱或墙安装,注意美观。

(10)分层干、支管安装:分层干、支管的走向应与其他管道和通风管道协调进行,以免安装后发生矛盾。分层干、支管在吊顶内安装时要考虑吊顶标高,应在墙上面标出吊顶标高和管底标高,并标出支架位置线。分层干支管安装应在吊顶龙骨安装前完毕,留出喷洒头,支管的接口应加丝堵。

(11)管道的坡度和坡向应严格按设计和规范要求施工,保证排气、排污和泄水要求。

(12)PVC-U排水管安装:先按管道系统和卫生设备的设计位置,结合设备排水口的尺寸与排水管管口施工要求,在墙、柱和楼地面上划出管道中心线,并确定排水管道预留口的坐标,做出标记。按管道走向及各管路的中心线标记进行测量,绘制实测小样图,按小样图选定合格的管材和管件进行配管和断管。选定的支承件和固定支架的形式应符合设计要求。金属支承件应做防锈处理。按预留管口位置及管道中心线依次安装管道和伸缩节,一般自下而上分层

进行,先安装立管后安装横管,连续施工。

(七)暖通空调工程

1. 地暖施工

1)施工操作流程

(1)对找平层的要求:地板采暖工程施工前要求地面平整,无任何凹凸不平及沙石碎块、钢筋头等现象。电线管只允许垂直穿过地板供暖层。

(2)分集水器的安装:应与地面垂直,牢固固定于墙面。立管高不得小于150mm,不宜大于700mm,而且每层分配器安装位置宜相同。

(3)保温层的铺设:在不需要损失热量的地方铺设聚苯板,加铺铝箔。

(4)低温管的铺设:环路应严格按照系统要求施工;加热管应加以固定,采用扎带将加热管绑扎在铺设于绝热层表面的钢丝网上。

(5)螺纹套管的安装与处理:管间距小于等于10cm处或过墙处、加伸缩缝处安装螺纹套管,穿墙套管出墙部分不少于5cm。抹水泥砂浆找平层,打压试验,达到设计要求为合格。

2)施工方法

(1)分(集)水器安装:专业管工组装分集水器,固定分集水器,分水器安装在外,集水器安装在里,分集水器一般距水平地面350mm和500mm左右,高差150mm左右。分集水器安装要求横平竖直,与分集水器连接盘管要求立面、水平面都垂直。安装完分集水器及时清理油麻污物。分集水器与盘管连接且打压合格。

(2)盘管:按设计要求尺寸准备PEX管材。采用专用剪子断管,断口应平整,断面垂直管轴线。每环路为一根管,安装时PEX管材不允许有接头。盘管时从分集水器开始安装,用专用管卡将PEX管直接固定在聚苯板上。PEX管固定点的间距,直管段每隔500mm设置,弯曲管段不应大于300mm。PEX管露出地面至分水器的管段,设置塑料蛇皮套管,以防局部光照老化。盘管经过门洞、伸缩缝处(卫生间等特殊要求除外)加塑料蛇皮套管。

(3)打压测试:盘管完毕后按设计要求进行打压测试。

3)安全生产和成品保护

(1)加热管和绝热材料,不得直接接触明火。

(2)加热管、分水器严禁攀踏,用作支撑或借作它用。

(3)在地板辐射采暖的安装过程,不宜与其他施工作业同时交叉进行,应分层或分单元独立施工。

(4)混凝土填充层的浇捣和养护过程中严禁进入踩踏。在养护期满之后,敷设加热管的地面,应设置明显标志,加以妥善保护,严禁在上面运行重负苛或放置高温物体,避免剔凿或钉入物体。

(5)地暖作业邻接室外无遮挡的应设立相应的遮蔽措施。

2. 空调系统(空气幕)

1)风管安装

(1)风管的制作与安装参照《通风与空调工程施工及验收规范》(GB 50243—2002)的有关条款执行。

(2)各种管道穿墙和楼板的预留,或是预埋件以及设备的安装孔等施工应与土建密切配合,不得遗漏,并认真核对其位置、数量和尺寸。

(3)风管加工按图纸要求、设计说明、规范标准分系统、分期加工,分批运至施工现场,并做好成品保护。

(4)风管与设备进出口相连处设置长度为 150～300mm 的防火帆布软接,软接的接口应牢固、严密,在软接处禁止变径。

(5)送风口均采用铝合金双层百叶风口,回风口采用单层百叶加过滤网。

(6)风管上的可拆卸接口,不得设置在墙体或楼板内。

2)设备安装

(1)工艺流程:基础检查验收→设备运输→设备就位→设备保护→现场配管安装→试验→系统调试。

(2)技术要求:设备安装前,应认真熟悉施工图纸、设备说明及有关技术文件(装箱单、装箱手册等),全面检测设备性能。针对使用情况对装箱单进行复核,有关设备要会同有关人员共同对设备进行开箱点验,办理移交手续。开箱时,对照装箱单对全部设备、零部件、附属材料及专用工具进行复核、清点,确认设备零部件、规格数量与装箱文件和施工图纸是否相符,检查设备在运输过程中是否受到损伤,及时发现供货时可能发生的错误和损坏,各方有关负责人在开箱报告及有关技术资料上签字。

设备搬运及安装:针对各设备特点,采用适当的方法将设备运至安装现场。搬运前,仔细阅读有关技术资料,了解设备二次搬运时的注意事项。室内机组安装应位置正确,目测应呈水平,冷凝时排放应畅通。制冷剂管道连接必须严密无渗漏。管道穿过的墙孔必须密封,雨水不得渗入。

3)系统试运转及调试(略)

(八)电气工程(略)

(九)防水工程(略)

(十)建筑节能工程

1. 施工工艺流程

这一部分的流程为:基面验收、检查→基层处理→配制黏结砂浆→岩棉保温板粘贴→铺贴镀锌钢网并设置锚固栓→抹连接砂浆打底并找平→抹聚合物抗裂砂浆铺设耐碱网格布→抹聚合物抗裂砂浆找平→整体修补→清理验收。

2. 外墙外保温施工方法

1)对基层墙体的要求及处理方法

(1)基层应清洁,无油污、脱膜剂等妨碍粘贴的附着物。

(2)墙面应平整,平滑度 ≤0.4cm/2.0m,凸起、空鼓和疏松部位应剔除并找平。

(3)须对后砌墙进行抹灰找平,找平层应与墙体粘贴牢固,不得有脱层、空鼓、缝裂,面层不得有粉化、起皮等现象。

(4)门窗,室外(门窗的)卷帘,特别是水平设置的盖板(如窗台板、女儿墙顶盖板),必须在外保温体系施工前完成,外墙上的门窗框要安装完成,并且封好口。与外墙面连接的护栏,不能在外保温施工好后再在外保温墙面上挖洞装护栏,固定雨落管道等用的支架也应预先安装完,所有以上这些均需考虑外保温体系的厚度。

（5）自来水管、空调进出口及各种进户管线等所有进出作外保温外墙面的管线均需预埋PVC套管，PVC套管伸出墙面的长度至少应为外保温体系的厚度。

（6）所有固定在外墙上的受力构件，如托架等必须在外保温施工前安装完成，绝不允许外保温施工完成后再在墙面上开洞，否则质量及外观效果都难以保证。

2）施工工艺

（1）粘贴STO岩棉板：岩棉板专用胶黏剂是一种聚合物增强的水泥基预制干拌料，在施工时只需按重量比为4∶1（干粉∶水）的比例加水充分搅拌均匀即可使用。加水搅拌后的岩棉板专用胶黏剂应争取在2小时内用完。在搅拌和施工时不得使用铝质容器或工具。岩棉板专用胶黏剂的性能及其使用时的注意事项，请参考其技术说明书。

（2）注意事项：刮涂岩棉板专用胶黏剂时应注意保证岩棉板四个侧端面上无胶黏剂。整面粘贴时，要注意锯齿抹灰刀拖刮时的角度不能过平，以避免岩棉板专用胶黏剂的涂抹厚度过薄，降低与基层墙体的粘贴面积。

（3）粘贴工艺：将拖刮好岩棉板专用胶黏剂的岩棉板紧密的粘贴在墙面上，并用打磨板从中心向四周延伸轻拍，调整粘接平整度及粘贴面积。岩棉板四周挤出的黏接剂必须立即刮掉，以保证粘贴下一块岩棉板时，板缝之间不会嵌入胶黏剂。采用点框法处理布胶部位，宜与锚固件设置位置相对应，保温层材料保温板在基层墙面上的黏结面积不应小于总面积的50%。粘贴岩棉板时，板缝应挤紧，相邻板应齐平，板间缝隙不得大于2mm，当两块岩棉板之间的缝隙大于2mm时，应用专用聚氨脂发泡填平缝隙。

（4）锚固、嵌固及表面处理：粘贴岩棉板24h后方可进行锚固件的安装。选用 ϕ8mm×120mm 的锚固件进行锚固，采用电锤在外墙钻孔，孔径为10mm；孔深为120mm（含保温板厚度），将塑料膨胀螺栓安装并紧固，使岩棉板与外墙面紧密结合。锚固点紧固后应低于岩棉板表面1~2mm，为下一道封堵锚栓帽打基础。设置金属嵌固带：嵌固带为金属材质。保温层面积较大的山墙设置金属嵌固带主要是为抵抗负风压。嵌固带安装的步骤为粘贴岩棉板需要安装嵌固带时，先将下方的岩棉板用黏结剂粘贴到墙体上，再将嵌固带工字头插入到下层岩棉板中后用锚钉固定于墙体上，再将上层岩棉板粘贴于墙体上，并插入嵌固带工字头与下层岩棉板，对嵌固带不留缝隙。嵌固带的选用见附表15。

附表15　嵌固带选用表（根据保温层的不同厚度选用）

托架宽度 A, mm	22	32	42	52	62	72	82	92	102	122	142	152	162
托架厚度 B, mm	0.90	0.90	1.00	1.00	1.00	1.00	1.00	1.30	1.30	1.30	1.70	1.70	1.70

安装嵌固带时必须保证嵌固带处于绝对水平的位置。两根嵌固带之间应留有3mm的间隙。在固定嵌固带时应尽量在嵌固带端部的第一个孔下钉，以避免因热胀冷缩等原因造成过大的长度方向变形；第二个钉应下在垂直方向的长孔中，以便调节水平位置。7层至18层隔层设置金属嵌固带，18层以上每层设置金属嵌固带。嵌固带工字形一侧长度应小于岩棉板厚度。

铺贴网格布时，网格布使用前先设计好铺设方式。计算尺寸剪裁下料，剪裁边缘直线误差应小于5mm。网格布横接应错开墙面板材的横接缝。网格布铺设自上而下相互连接，耐碱网格布要横向铺贴，横纵向都要做搭接，左右搭接宽度，上下搭接宽度不应小于100mm。首层使用加强网格布，做法与普通型相同。

（5）系统特殊部位的处理：用标准网格布在门窗洞口、勒脚、阳台、空调板、变形缝和顶檐上部的末端部位进行翻包做法。裁剪窄幅翻包用标准网格布时，其宽度为200mm＋板厚，长度按墙体部位而定。在基层墙体的洞口周边及系统终端相应部位涂抹黏结砂浆，宽度

100mm,厚度2mm。将窄幅标准网布一端100mm压入黏结聚合物砂浆内,另一端甩出备用,并保持清洁。岩棉板粘贴在相应部位,并将翻包部位板的正面和侧面涂抹抹面砂浆。再将预先甩出的网布沿板翻转并压入抹面砂浆。如需铺设加强网布应先铺设加强网布,再将翻包网布压在加强网布之上。

3. 成品保护措施

(1)施工中各专业工种应紧密配合,合理安排工序,严禁颠倒施工。

(2)分格线、滴水槽、门窗框、管道、槽盒上残存砂浆,应及时清理干净。

(3)其他工种作业时应不得污染或损坏墙面,严禁踩踏窗口。

(4)施工完毕的墙体不得随意开凿,如确属需要,应在聚合物水泥砂浆达到设计强度后方可施工,施工完毕后周围应恢复原状,并注意对接缝做防水处理。

(5)严格禁止重物撞击墙面。

(十一)工艺安装工程(略)

(十二)设备安装工程(略)

(十三)外脚手架工程

考虑到本建筑物屋面标高为29.1m,拟采用落地式扣件钢管脚手架。计算书详见脚手架搭设专项方案。

1. 选材

(1)脚手架钢管宜采用 ϕ48.3×3.6 钢管。每根钢管的最大质量不应大于25kg。钢管扣件全部漆成红黄色,严禁使用锈蚀、裂纹、裂缝、损伤、变形的材料。钢管与型钢要有出厂合格证。

(2)扣件应采用可锻铸铁或铸钢制作,其质量和性能应符合现行国家标准《钢管脚手架扣件》(GB 15831—2006)的规定。采用其他材料制作的扣件,应经试验证明其质量符合该标准的规定后方可使用。扣件在螺栓拧紧扭力矩达到65N·m时不得发生破坏。

(3)脚手板可采用钢、木、竹材料制作,单块脚手板的质量不宜大于30kg。冲压钢脚手板的材质应符合现行国家标准《碳素结构钢》(GB/T 700—2006)中Q235级钢的规定。木脚手板材质应符合现行国家标准《木结构设计规范》(GB 50005—2003)中Ⅱ。级材质的规定。脚手板厚度不应小于50mm,两端宜各设直径不小于4mm的镀锌钢丝箍两道。竹脚手板宜采用由毛竹或楠竹制作的竹串片板、竹笆板;竹串片脚手板应符合《建筑施工脚手架安全技术统一标准》(GB 51210—2016)的相关规定。

2. 架子搭设及拆除顺序

(1)搭设施工顺序:脚手架基础→放底脚杆→立立杆(先立里杆、后立外侧立杆)→小横杆→大横杆→铺设脚手片→搭设第二步→设栏杆挡脚片及连接固定(与脚手架向上逐步进行)→搭设剪刀撑(必须与脚手架向上搭设同步进行)及挂安全网→进行每段脚手架的验收。

(2)拆除:在拆除前应对外墙全面检查,达到要求方可拆除,同时脚手板上无垃圾及杂物。架子拆除应遵守自上而下,后搭先拆的原则,即先拆除挡脚片、栏杆、安全网,再依次拆除脚手片、剪刀撑、斜撑、大横杆、小横杆、立杆等,一步一步进行,严禁上下同时进行作业。

3. 脚手架操作及搭设技术要求

(1)架子工必须持证上岗。严禁酒后上班,操作过程中必须系好安全带,戴好安全帽,工具及零配件必须放在工具袋中。

（2）严格按照设计与脚手架搭设规程操作。脚手架拉结为刚性拉结，应采用钢管拉结，连接杆间距应为：垂直两步，水平两跨，封顶及转弯处加密拉结点。

（3）立杆（柱）应间隔交叉不同长度的钢管，将相邻立杆（柱）的对接口头部处于不同高度上，使立杆（柱）受荷的薄弱截面错开。

（4）在立杆的外侧，按规定位置及时搭设剪刀撑，与地面成45°或60°，以防止脚手架纵向倾斜，剪刀撑的设置应与脚手架的向上架设同步进行。

（5）脚手片要铺满、铺平、铺稳，不得有挑头板，绑扎要牢固。

（6）在每步架高1.2m处设栏杆一道，200mm设踢脚杆一道，外侧设置密目网以确保安全。

（7）脚手架每隔5步，应在里立杆与墙面之间设脚手片，支撑在两根钢管上，并用18#铁丝绑扎在水平钢管上。

（8）扣件与杆件连接时，紧固力在45～55N·m范围内，不得低于45N·m或高于60N·m。

（9）搭设时应随时校正杆件垂直度和水平偏差。

（10）在搭设时没有完成的脚手架，在每日放工时，一定要确保架子的稳定，以免发生意外。

4．脚手架的安全要求

（1）脚手架每搭设一段，必须由公司质安科组织验收，有书面验收记录，履行验收签字手续，验收合格后，张挂《脚手架验收合格证》后方可使用。对悬挑架子应全面检查，特别是焊缝及型钢的材质。

（2）严格控制使用荷载。可做装饰使用的脚手架，不得作为结构施工之用，不得堆放砖块等物。

（3）必须有良好的防电、防火、避雷和接地措施，接地极可用两根L50×5角钢，埋入地下，再用—40×5扁钢引出与脚手架连接。在每层信道或楼梯口醒目处挂设1组灭火器，每层4只，在施工用水管中每层设有一个专用消防栓，以保证消防的要求。

（4）扣件的安装开口朝向，用于连接大横杆的对接扣件，开口应朝架子内侧，螺栓向上，避免开口朝上，以防雨水进入。

（5）严禁以下违章作业：

①利用脚手架吊运重物。

②作业人员攀登架子上下。

③任意拆除脚手架、连接杆和部件、安全网等。

④在脚手架上拉结吊装缆绳，作为缆风绳的锚杆之用。

⑤在脚手架底部开沟等作业。

⑥脚手架作为支模承重架子用。

六、施工进度计划

（一）施工进度计划表

2013年4月1日开工，基础工程2013年4月25日完工；2013年4月26日开始主体及围护结构施工，至2013年7月24日结束；2013年6月2日进行内外装饰装修，2013年4月13日系统安装及配套工程穿插施工，2013年8月8日至8月9日进行工程预验收，8月10日正式竣工验收。

具体进度计划表见附表16。

附表16　×××股份有限公司×××城市×××分公司调度中心建筑工程施工进度计划

序号	工作内容	施工时间	开始时间	完成时间
1	施工准备	30	2013-3-15	2013-4-13
2	定位、放线、基坑开挖	4	2013-4-4	2013-4-17
3	基础验槽	1	2013-4-18	2013-4-18
4	地下独立柱基础	10	2013-4-19	2013-4-28
5	地下基础墙砌筑	12	2013-4-29	2013-5-10
6	基础承台及K2认证	1	2013-5-3	2013-5-3
7	地下基础墙抹灰防腐	3	2013-5-11	2013-5-13
8	土方回填基础歪地梁底-0.85	12	2013-5-4	2013-5-15
9	基础地梁	7	2013-5-16	2013-5-22
10	基础地梁认证	3	2013-5-23	2013-5-23
11	土方回填地梁至-0.3	3	2013-5-24	2013-5-26
12	一层框架梁(梁板柱)	8	2013-5-27	2013-6-3
13	二层框架(梁板柱)	8	2013-6-4	2013-6-11
14	三层框架(梁板柱)	8	2013-6-12	2013-6-19
15	四层框架(梁板柱)	8	2013-6-20	2013-6-27
16	五层框架(梁板柱)	8	2013-6-28	2013-7-5
17	六层框架(梁板柱)	8	2013-7-6	2013-7-13
18	框架主体认证(一层至三层)	1	2013-7-7	2013-7-7
19	框架主体认证(四层至六层)	1	2013-7-22	2013-7-22
20	填充墙(一层至三层)	18	2013-7-8	2013-7-25
21	墙体主体认证(一层至三层)	1	2013-7-26	2013-7-26
22	填充墙(四层至六层)	18	2013-7-23	2013-8-9
23	墙体主体认证(四层至六层)	1	2013-8-10	2013-8-10
24	屋面防水	10	2013-7-20	2013-7-29
25	门窗框安装	22	2013-7-20	2013-8-10
26	内外墙抹灰	30	2013-7-27	2013-8-26
27	楼地面施工	36	2013-7-8	2013-8-12
28	外墙保温施工	20	2013-7-30	2013-8-18
29	门窗玻璃安装	5	2013-8-19	2013-8-23
30	油漆乳胶漆涂刷	15	2013-8-5	2013-8-19
31	水电暖消防预埋安装	104	2013-5-5	2013-9-7
32	预验收、环保监测	2	2013-9-8	2013-9-9
33	竣工验收	1	2013-9-10	2013-9-10

2013年（施工进度横道图，时间轴为3月、4月、5月、6月、7月、8月、9月）

(二)保证进度计划的措施

(1)针对本项目工艺、电气、消防等专业工程量大且与土建工程交叉施工的特点,我们将在土建施工阶段加快施工进度,为安装工程争取施工时间。

(2)强化施工各项管理,合理组织、精心安排。根据各部分实际情况,实行劳动力动态管理、优化组合,充分调动广大干部职工的施工生产积极性。施工前的各项准备工作必须按时到位,确保工程正常开工时间和施工生产的顺利进行。

(3)充分提高机械设备的利用率,降低劳动强度,提高工作效率。由项目经理组织指挥生产,主持项目周生产会议,由技术负责人具体负责各项技术指导工作和监控管理,确保工程顺利进行。

(4)编制总体进度计划,经建设单位批准后共同遵照执行,因各种外部原因而发生变化,应随时采取补救措施,并调整进度计划。施工期间每月、旬均编制进度计划,确保总进度计划实现。科学地组织立体交叉,平行流水作业。对施工队进行奖罚制度,做到完成计划有奖,完不成要罚。主动加强与建设单位的联系,按时参加工程协调会,互通信息,及时解决施工中各项问题,加强与设计人员的联系,解决图纸和技术问题;加强与质监站的联系,准时提供技术和质量保证资料,及时办理检查验收,确保工程顺利进行。

七、施工现场平面布置

(一)施工现场平面布置的内容

1. 施工现场平面布置原则

1)总体原则

根据业主提供的施工图及本工程施工现场的实际情况,结合标准化施工管理的要求本工程现场施工总平面布置时,遵循科学、合理、经济、适用、文明施工的总体原则进行施工平面布置。本工程施工区域紧靠西环路,文明施工和环保安全防火的工作非常重要。

2)具体原则

根据本工程施工具体情况,工程拟建位置位于天马转盘南3.5km,西邻西环路,现场平面布置充分考虑各种环境因素及施工需要,布置时应遵循如下原则:

(1)现场平面随着工程施工进度进行布置和安排,各施工阶段平面布置要与该时期的施工重点相适应。

(2)在平面布置中应充分考虑好施工机械设备、办公设施、道路、现场出入口、临时堆放场地等的优化合理布置。

(3)施工材料堆放应尽量设在垂直运输机械覆盖的范围内,以减少发生二次搬运为原则,塔吊应保证主体施工期间材料、设备等的吊装。

(4)中小型施工机具的布置,要处于安全环境中,同时设置安全防护棚,其他次要机具避开高空物体打击的范围。

(5)临时电源、电线敷设要避开人员流量大的楼梯及安全出口,避开容易被坠落物体打击的范围,电线尽量采用暗敷方式。

（6）因工期紧、场地狭窄、土方开挖后场内道路运输大型车辆调转困难等基本情况,地材、钢材及水泥等大宗材料要保证材料前期的运输道路和储存。

（7）本工程应着重加强现场安全管理力度,严格按照《项目安全管理手册》的要求进行管理。

（8）施工场地做好控制粉尘设施,排污、废弃物处理及噪声控制设施的布置。

2. 现场生产及生活临时设施布置

（1）根据现场踏勘及总平面布置图,现场生产及生活临时设分开布置的合理性在于:因场地西侧布设有电缆沟,西侧有供热管线等设施,所以临时办公、生活设施布置于场地北侧的红线以外的地方,为保证生活用水的洁净安全,生活用水管线自供水接驳口采用铝塑管单独接出,同时,办公设施布置于施工场地西北侧的红线以外。施工道路布置在工程周边,大门布置在工程东北角有利于材料进场进行装卸和加工,生产区远离办公室,减少了施工加工产生的噪声、废气、扬尘等对人的生活影响。

（2）施工临时生产设施在工程现场范围内搭建现场。利用现场南侧的拟建绿地材料库房、固体废弃物放置场地和设施、塔式起重机、钢筋加工场地、钢筋加工棚、电焊加工棚。拟建道路设置木工房、特种库房设置在建筑物东侧,主体结构施工结束木工房拆除。

（3）在现场西侧北端设置项目部办公区,办公区占地约 $20 \times 18 = 360 \text{m}^2$,办公区内设会议室、办公用房;用房分别设项目办公室、监理和总包单位、电气安装单位办公室共计 6 间,每间面积 $4.8 \times 3.6 = 17.28 \text{m}^2$、会议室面积 $4.8 \times 10.8 = 51.84 \text{m}^2$,会议室旁边设一间厕所,门头上方设置银白色门牌,字体为黑色正楷;办公区内场地全部用 60mm 厚 C20 混凝土硬化,中间设置长 4m、宽 2m 的花池两个,花池墙采用水泥砂浆黏土多孔砖砌筑 240mm 宽埋入地下 0.2m、高出地面 0.4m,池内换填 500mm 厚种植土,50mm 厚有机肥料,并充分拌和,种植花卉;设置值班门卫室及其他必备配套设施。

（4）施工现场西侧偏南修建施工生活区,生活区与办公区中间设置停车场,施工生活区占地面积约 400m^2（$= 20 \times 20$）,房屋门对门建设,中间留 10.5m 庭院;拟建食堂一间（$5 \times 7 = 35 \text{m}^2$）,储藏室一间（$3.5 \times 6 = 21 \text{m}^2$）,餐厅兼活动室一间（$7 \times 6 = 42 \text{m}^2$）,男女淋浴室各一间,其中含男浴室（$3.5 \times 4 = 14 \text{m}^2$）和女浴室（$3.5 \times 2 = 7 \text{m}^2$）,宿舍 5 间 $3.5 \times 6 = 21 \text{m}^2$/间,门头上方设置银白色门牌,字体为黑色正楷;食堂、储藏间、餐厅靠南端东侧,餐厅兼活动室靠南段西侧,相向设置,中间设置长 3m 的双面 10 个水龙头洗碗水池和电开水器棚;生活区内场地全部用 60mm 厚 C20 混凝土硬化,中间设置长 8m、宽 2.5m 的花池两个,花池墙采用水泥砂浆黏土多孔砖砌筑 240mm、宽入地下 0.2m、高出地面 0.4m,池内换填 500mm 厚种植土、50mm 厚有机肥料,充分混合后种植花卉。

（5）由于附近 300m 内没有市政排水管网,施工生活区、施工区分别各设置 1 个厕所:面积 30m^2,男女分开;办公区西端设置一间面积 $15 \text{m}^2 = 3 \times 5$ 厕所;办公区厕所至施工区厕所用 DN150UPVC 塑料排水管与施工区厕所排水管连通,施工区厕所采用 DN200PVC 双壁波纹管与生活区厕所排水管连接,生活区卫生间排水管采用 DN200PVC 双壁波纹管与化粪池连接,化粪池与渗水井采用 DN200PVC 双壁波纹管连接,排水管顺坡势埋地敷设。

（6）现场搅拌站和砂石料场设置在建筑物东侧拟建绿地内偏东部位,用于铺砌砂浆的搅拌。砂石料场采用 120 厚混凝土铺筑,面积分别均为 $4.5 \times 8 = 36m^2$,采用黏土多孔砖砌筑分隔;袋装水泥库(容量为 100t)均设置在搅拌机旁边。水泥库为全封闭房屋,防雨、防水、防潮,面积为 $100m^2$(按每垛 10 袋计算)。

（7）因在市区施工,距搅拌站标养室不远,委托搅拌站进行标准养护,故现场不设标养室。

（8）现场搅拌站现场设置排水沟,地面水经排水沟进入沉淀池后排至西南侧的自然洪沟内。

（9）对施工现场进行封闭管理(包括电塔基础、设备基础和 35kV 线路),场地四周设置优质美观的彩钢板围墙。现场大门处设七牌二图及宣传栏;现场出入口设值班门卫,大门口设置一定面积的绿化环境,并坚持出入验证制度,无关人员一律禁止入内。

（10）凡进入现场的材料、设备必须按规范要求和平面布置图架垫和堆放整齐,挂牌正确标识。

（11）施工现场的水准点,轴线控制点等要有醒目的标志并加以保护,任何人不得损坏、移动。

（12）施工道路修建,变电所北侧施工红线外侧有室外供热管网,施工道路由现有胜利路出口,进入施工现场(建施工平面布置图);办公、生活道路沿东侧、南侧施工围护墙外侧修建至办公区和生活区,路面宽 4m;根据地勘报告和现场观察,地表均为杂填土道路修建以现场地况进行平整,摊铺 250mm 天然戈壁土压实,面层撒铺 60mm 厚碎石,路边设洒水降尘用水管线,以便临时道路的降尘。

3. 施工用水

（1）施工现场用水接自距现场 140 余米的东北侧的自来水阀井备用接口引出。在水表下端设置两个出水口,一个接至生活区,一个接至施工现场;施工现场临时用水采用 DN50 钢管埋地敷设,呈树枝状分布,通向各用水点。楼层、电缆隧道施工用水,沿楼层高度方向上敷设 DN32 主管,楼层支管为 DN20。

（2）由于本工程主体混凝土全部采用商品混凝土,因此生产用水考虑混凝土养护用水、砂浆搅拌及抹灰用水,按高峰期(基础及主体混凝土养护、砌砖)计算。

① 施工工程用水量的计算式为

$$q_1 = K_1 (\sum Q_1 \times N_1 \times K_2)/(8 \times 3600)$$

$$= 1.15 \times (30 \times 300 + 120 \times 150) \times 1.5/(8 \times 3600) = 1.08(L/s)$$

式中　K_1——未预计施工用水系数(取 1.15);

　　　Q_1——实物工程量,按混凝土台班产量 $30m^3$/台班,砌砖按班产量 $120m^3$ 计算;

　　　N_1——施工用水定额,L/m^3,取混凝土养护用水量取 $300L/m^3$,取砌砖 $150L/m^3$(注:主要采用拌和站商品预拌制混凝土,零星构件采用自拌);

　　　K_2——用水不均衡系数,取 1.5。

② 施工现场生活用水量为 q_2。由于现场不设生活设施,生活用水另计,施工现场生活用水量 q_2 此处忽略不计。

③ 消防用水。

$$q_3 = 10 \text{L/s}$$

$\therefore q_1 + q_2 < q_3$

$\therefore Q = q_1 + q_2 = 1.61 + 0 = 1.61 \text{L/s}$

④ 总用水量 Q 和水管直径 D 的计算式为

$$Q = q_4 = 10 \text{L/s}$$

$$D = \sqrt{(4Q)/(\pi \times v \times 1000)} = 0.092(\text{m}) \qquad (v = 1.5 \text{m/s})$$

因此,施工现场用水主水管的管径 D 为 50mm 即可。

(3)施工给水线路布置:施工用水布置详见施工现场平面布置图。施工用水由场外业主指定位置引入后,分二路布设,一路沿施工道路引向现场搅拌站及厕所,一路引到施工电缆隧道及楼层内。

(4)施工废水排放:混凝土搅拌站应设沉淀池,现场生产及生活废水经处理达到要求后排放,排放设沉淀池,所有施工废水、污水均须经处理,达到国家有关排放标准方可排入自然洪沟内;具体布置详见附图施工平面布置示。

4. 施工用电

(1)施工电源由甲方提供的距施工现场 120 余米的 6kV 架空电杆引至新建施工临时变压器,变压器旁边设置塑壳透明漏电断路器和计量表,我公司根据工程施工实际需要编制施工临时用电专题方案,现场采用"三相五线制"电路穿管暗敷,照明和动力用电分开,采用"一机一闸一保护"安全用电方案。

(2)为保证混凝土连续浇筑,预防突然停电,现场设置一台 50kW 柴油发电机组,并设于场区内配电房附近。

(3)现场施工临时用电采用三相五线制,三级配电体系,TN—S 接地形式,严格按建设部颁布的标准《施工现场临时用电安全技术规范》进行线路敷设和配电使用。

(4)则本工程施工用需用电量为 140kW,安装 100 型变压器一台,施工用电引自变压器下的计量箱引出,在施工现场西侧设置总配电室,配电室内安装总配电柜,然后分别引至各用电区分配电箱,再由分配电箱接至各用电开关箱。

(二)施工现场平面布置图

按施工现场平面图设计的原则和方法,绘制出施工现场平面布置图,见附图 3。在实际生产中,还需要单独绘出现场消防平面图,见附图 4。

八、主要施工管理措施

(一)质量管理及保证措施

1. 建立工程质量保证体系网络
为实现公司对建设单位工程质量目标的承诺,建立工程质量保证体系网络见附图 5。

2. 措施和质量控制要点
相关措施和质量控制的要点见附表 17,其中●代表主要负责人,○代表协助人。

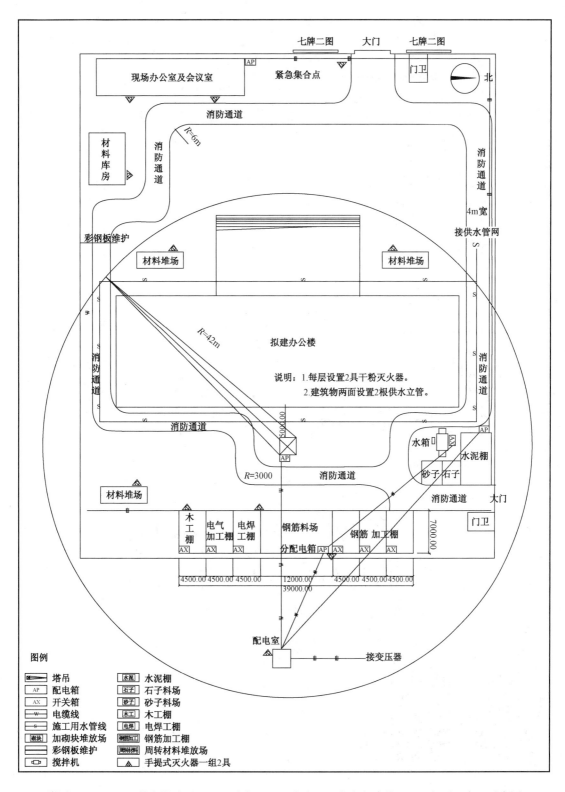

附图3　×××股份有限公司×××城市×××分公司调度中心建筑工程现场平面布置示意图

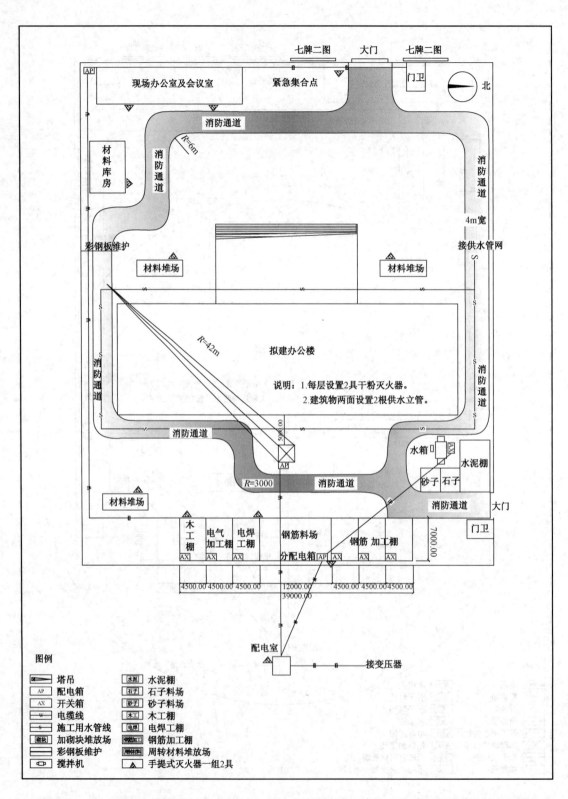

附图4 ×××股份有限公司×××城市×××分公司调度中心建筑工程现场消防平面布置示意图

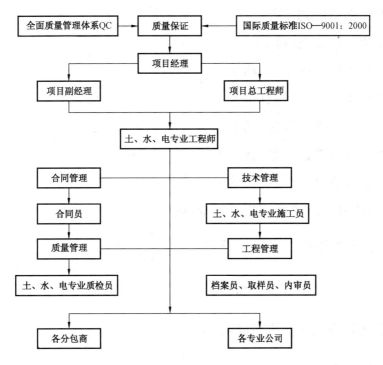

附图5 项目部工程质量保证体系网络图

附表17 相关措施和质量控制的要点

	质量管理控制点	项目经理	技术负责	专业工长	质量员	材料员	试验员	安全员
施工组织	建立健全质量体系	●	○					
	选择施工班组	●	○					
	机械设备配置	●	○					
技术准备	施工方案及特殊工序方案		●	○				
	技术交底		●	○	○		○	
	施工翻样		○	●				
	人员培训		●	○	○			
施工作业	技术质量交底		○	●	○			
	自检、互检、交接检			○	●			
	安全交底和检查			○				●
原材料控制	材料质量、数量			○		●	○	
	材料试验			○		○	●	
	材料标识			○		●	○	
检验评定	分项工程		○	○	●			
	分部工程	○	●	○				
质量记录	施工过程		○	●	○			
	施工放样		●	○	○			
	特殊工序监控			●	○			
服务	施工中的服务	●	○	○				
	工程回访	●	○					
	工程保修	●	○	○				

3. 成品保护措施(略)

4. 材料质量保证措施(略)

5. 测量工程质量保证措施(略)

6. 模板工程质量保证措施(略)

7. 钢筋工程质量保证措施(略)

8. 混凝土工程质量保证措施(略)

9. 水泥地面的质量保证措施(略)

10. 框架结构质量通病的产生及防治(略)

(二)施工安全管理及保证措施(略)

(三)施工环境管理及保证措施(略)

(四)安全文明施工保证措施(略)

(五)消防保卫措施(略)

(六)成本管理及保证措施(略)

(七)季节性施工措施(略)

参 考 文 献

［1］吴根宝．建筑施工组织．北京：中国建筑工业出版社，1995.

［2］蔡雪峰．建筑施工组织．武汉：武汉理工大学出版社，2002.

［3］于立君，孙宝庆．建筑工程施工组织．北京：高等教育出版社，2013.

［4］郝永池．建筑施工组织．北京：机械工业出版社，2012.

［5］张华明，杨正凯．建筑施工组织．北京：中国电力出版社，2006.

［6］许伟，许程洁，张红．土木工程施工组织．武汉：武汉大学出版社，2014.

［7］余群舟，刘元珍．建筑工程施工组织与管理．北京：北京大学出版社，2006.

［8］蔡红新，陈卫东，苏丽珠．建筑施工组织与进度控制．北京：北京理工大学出版社，2014.

［9］张廷瑞．建筑施工组织与进度控制．北京：北京大学出版社，2012.